Sebastian Gresset

Einfluss von Inokolumpotential, Inkubationszeit und postinfektioneller Zusatzbefeuchtung auf die Schadrelevanz von "Fusarium graminearum"

GRIN Verlag

Bibliografische Information der Deutschen Nationalbibliothek:

Die Deutsche Bibliothek verzeichnet diese Publikation in der Deutschen Nationalbibliografie; detaillierte bibliografische Daten sind im Internet über http://dnb.d-nb.de/ abrufbar.

Impressum:

Druck und Bindung: Books on Demand GmbH, Norderstedt Germany
ISBN: 978-3-640-35384-2

Dieses Buch bei GRIN:

http://www.grin.com/de/e-book/131055/einfluss-von-inokolumpotential-inkubationszeit-und-postinfektioneller

Technische Universität München

Wissenschaftszentrum Weihenstephan
für Ernährung, Landnutzung und Umwelt

Freising-Weihenstephan

Studiengang Agrarwissenschaften

Einfluss von Inokolumpotential, Inkubationszeit und postinfektioneller Zusatzbefeuchtung auf die Schadrelevanz von *Fusarium graminearum*

Seminararbeit

am Lehrstuhl für Phytopathologie

von

Sebastian Gresset

Inhaltsverzeichnis

Inhaltsverzeichnis ... 2

Tabellenverzeichnis ... 3

Abbildungsverzeichnis ... 3

Abkürzungsverzeichnis ... 4

1 Einleitung ... 6

2 Literaturübersicht ... 8

2.1 Systematik und Biologie von *Fusarium graminearum* ... 8

2.2 Biologie von *Giberella zea* und wirtschaftliche Bedeutung ... 9

2.3 Synopse der bestehenden Fusarium-Befallsprognosemodelle ... 11

3 Material und Methoden ... 14

3.1Versuchsfaktoren ... 14

3.1.1 Beschreibungen der Einflussvariablen ... 14

3.1.2 Beschreibung und Erfassung der Zielvariablen ... 15

3.2 Versuchsglieder ... 17

3.3 Weizenanzucht und Kultivierung ... 19

3.4 Anzucht des Erregers und Erstellung des Inokulums ... 21

3.5 Inokulum und Inkubation ... 22

3.6 Datenauswertung ... 22

4 Ergebnisse ... 24

4.1.Einfluss des Inokolumpotentials auf Befall und Ertrag ... 24

4.2 Einfluss der Inkubationszeit auf Befall und Ertrag ... 27

4.3 Einfluss der postinfektionellen Zusatzbefeuchtung auf Befall und Ertrag ... 31

5 Diskussion der Ereignisse ... 37

6 Zusammenfassung ... 39

Referenzen ... 41

Anhang ... 43

Tabellenverzeichnis

Tabelle 1 Versuchsglieder zur Fragestellung des Einflusses einer postinfektionellen Zusatzbefeuchtung 18
Tabelle 2 Versuchsglieder zur Fragestellung des Einflusses des Inokulumpotentials 19
Tabelle 3 Versuchsglieder zur Fragestellung des Einflusses der Inkubationszeit 19

Abbildungsverzeichnis

Abbildung 1 Zentralwerte Deoxynivalenol in Bayern 11
Abbildung 2 Erläuterung zur Berechnung des AUDPC-Wertes; Quelle: Eigene Anfertigung 17
Abbildung 3 Weizenpflanzen des Versuchs in der Vegetationshalle; Quelle: Eigene Aufnahme 20
Abbildung 4 Fusariummycel auf Hafermehlagar-Medium; Quelle: Eigene Aufnahme 21
Abbildung 5 Konidie von *Fusarium graminearum*; Quelle: Eigene Aufnahme 21
Abbildung 6 FS unter Einfluss eines gestaffelten Inokulumpotentials 24
Abbildung 7 Effekt des var. Inokulumpotentials auf den EÄE 25
Abbildung 8 Befallshäufigkeit auf Grund unt. Inokulumpotentiale 26
Abbildung 9 AÄN nach unt. Inokulumpotentiale 27
Abbildung 10 FS in Folge var. Inkubationszeiten 28
Abbildung 11 EÄE als Resultat var. Inokulumzeiten 29
Abbildung 12 BH nach unt. Inokulumzeiten 30
Abbildung 13 Einfluss gestaffelter Inokulumzeiten auf die AÄN 31
Abbildung 14 FS als Reaktion auf die Zusatzbefeuchtung 32
Abbildung 15 Reaktion des EÄE auf die Zusatzbefeuchtung 33
Abbildung 16 Einfluss der Zusatzbefeuchtung auf die BH 34
Abbildung 17 AÄN nach Behandlung mit einer Zusatzbefeuchtung 35

Abkürzungsverzeichnis

Ä	Ähre
AÄN	Anteil Ährennekrosen
Ächbef	Ährchenbefall
AUDPC	Area Disease Progression Curve
BBCH	Gemeinschaftsarbeit von BBA, BSA, IGZ, IVa
BH	Befallshäufigkeit
bzw.	beziehungsweise
ca.	Zirka
cm	Zentimeter
d.h.	das heist
DON	Desoxynivalenol
EÄE	Einzelährenertrag
EG	Europäische Gemeinschaft
EU	Europäische Union
F-1	Fahnenblatt minus eins
FS	Frischsubstanz
FM	Frischmasse
Fus. gram.	*Fusarium graminearum*
g	Gramm
GHz	Gigahertz
G. zeae	*Giberella zeae*
h	Stunden
ha	Hektar
H_20bidest	Bi-Destilliertes Wasser
H_2Odest	Destilliertes Wasser
IARC	International Agency fort he Research on Cancer
kg	Kilogramm

l	Liter
MB	Megabyte
m	Meter
ml	Milliliter
mm	Millimeter
N	Stickstoff
Nek.	Nekrose
Nr.	Nummer
Pf.	Pflanze
RAM	Random Access Memory
rLf	Relative Luftfeuchtigkeit
Std.	Stunden
TDI	Tolarable daily intake
TG	Trockengewicht
T2-Toxin	Mykotoxin aus der Gruppe der Trichothecen
u.	und
u.a.	unter anderen
unt.	unterschiedlich
UV	Ultraviolett
var.	variabel
WH	Wiederholung
µg	Mikrogramm
°C	Grad Celsius
%	Prozent

1 Einleitung

Seit den schweren Mutterkornepidemien des Mittelalters und der Identifizierung der Aflatoxine vor mehr als vierzig Jahren ist die Problematik der Kontamination von Getreide durch Mykotoxin- bildende Schadpilze bekannt. Im Laufe der letzten Jahre hat sich die Forschung intensiv mit dieser Thematik befasst und neben den oben erwähnten *Aspergillus flavus* und *Claviceps purpurea* viele weitere Pilze, u.a. auch einige aus der Gattung *Fusarium*, als Toxinproduzenten identifiziert.

Unter der sehr großen Vielzahl der Fusarien, derzeit sind 15 Gruppen mit mehr als 140 Vertretern (Summerell u. Leslie, 2001) bekannt, nehmen *Fusarium culmorum* und *Fusarium graminearum* (anamorph *Giberella zea*) vor allem in Europa in ihrer Erforschung eine besondere Stellung ein. Hier sind sie die Hauptverursacher von Kontaminationen des Getreides mit Mykotoxinen, insbesondere mit Trichothecenen, wie Deoxynivalenol (DON) mit seinen acetylierten Derivaten 3- bzw. 15-Acetyl-DON, Nivalenol (NIV) und dem Östrogenderivat Zearalenon (ZEA) (Magan 2006; Miedaner u. Schneider, 2001).

Seit dem Jahr 2005 gelten in Europa Grenzwerte von 500-200 µg/kg FM für DON und 50-20 µg/kg FM für ZEA (EG Nr.856/2005), um einer von kontaminiertem Getreide ausgehenden Gefahr für Mensch und Tier entgegenzuwirken. Dadurch hat sich aber für Landwirte das von diesen Pilzen ausgehende Risiko erhöht, da ein Befall nicht nur zu einer Minderung des Ertrages, sondern beim Überschreiten der Grenzwerte zu einem Verlust der Marktfähigkeit der betreffenden Getreidepartie führen kann. Daher besteht eine große Notwendigkeit, die Getreidepflanzen vor diesem Pathogen zu schützen, oder bei Befall die Produktion der Toxine zu reduzieren.

Dennoch kann die Forschung, obwohl die Biologie der Erreger nahezu aufgeklärt ist, den Landwirten noch keine befriedigende Lösung zur Vermeidung oder Bekämpfung dieser Pathogene aufzeigen. Noch zu rudimentär ist derzeit das Wissen bezüglich der Infektion, der Toxinakkumulation und insbesondere der Interaktion von Erreger, Wirtspflanze, Witterung und der aus dieser Koinzidenz resultierenden Epidemie.

Zwar können geeignete vorbeugende pflanzenbauliche Maßnahmen, wie eine optimierte Fruchtfolge und eine wendende Bodenbearbeitung vor Getreide, das Risiko einer Belastung der Getreideernte mit Mykotoxinen reduzieren (LfL Doleschel, 2000), nicht aber ausschließen. Auch wird eine zukünftige Intensivierung des Maisanbaus wegen der steigenden Nachfrage der Biogasanlagen die Problematik verstärken.

Neben pflanzenbaulichen Maßnahmen stehen den Getreideproduzenten gegen die Erreger nur wenige Pflanzenschutzmittel zu Verfügung. Diese Spezialfungizide, wie Metconazol und Tebuconazol, reduzieren zwar den Ährenbefall bei Weizen zwischen 30% und 90%, haben jedoch Wirkungslücken bei anderen Weizenpathogenen, wie *Drechslera tritici-repentis*, und sind am effizientesten bei einer Applikation innerhalb von 24-36 Std. vor bzw. nach der Inokulation. Eine solche prophylaktische Fungizidanwendung ist im Rahmen einer nachhaltigen, umweltschonenden Landwirtschaft nur noch in Sonderfällen zu empfehlen (Miedener u. Schneider, 2001).

Eine besondere Problematik ergibt sich aus der Beobachtung, dass Toxinbelastungen aufgrund von Infektionen durch *Giberella zea* nicht zwangsweise mit typischen Befallssymptomen, wie beispielsweise partieller Weißährigkeit und rosa Verfärbungen an den Körnern, einhergeht. Der Befall kann ebenso latent auftreten (Hooker et.al., 2002), wodurch sich eine Infektion visuell nicht, oder erst sehr spät identifizieren lässt.

Neben der LFL-Bayern stellt derzeit nur die Ohio-State-University den Getreideproduzenten ein Fusarium-Befallsprognosemodell zu Verfügung, um die Abschätzung des Befallsrisikos und die exakte Terminierung der Pflanzenschutzmittel zu erleichtern.

Somit stehen auch künftig Forschung und Wissenschaft vor der Herausforderung, die in diesem Kontext noch ungeklärten Fragen zu lösen, um verbesserte Optionen in der Prävention und Bekämpfung der Fusarien zu schaffen.

Ziel der vorliegenden Arbeit ist es daher, Basiswissen zu schaffen und auf detaillierte Fragestellungen einzugehen, um neue Erkenntnisse vorrangig im Bezug auf den Witterungseinfluss bei der Infektion von Weizenpflanzen durch *Fusarium graminearum* zu erlangen und diese

für den konkreten praktischen Einsatz zu nutzen.

Anhand von künstlich erzeugten Variationen im Erregerdruck und der Simulation von unterschiedlich langen Feuchtperioden während der Infektion sowie in einem bestimmten Turnus postinfektionell wiederkehrenden Feuchteereignissen wird unter den kontrollierten Bedingungen eines Gewächshausversuches der Einfluss des Inokulumpotentials, der Inkubationszeit und einer Zusatzbefeuchtung auf den Ertrag von Weizenpflanzen analysiert. Die Ergebnisse dieser Arbeit sollen einen Teil der Grundlagen für ein zukünftiges computergestütztes Fusarium-Infektionsprognosemodell liefern.

2 Literaturübersicht

2.1 Systematik und Biologie von *Fusarium graminearum*

Derzeit beinhaltet die Gattung Fusarium 140 Arten, unterteilt in 15 Gruppen (Gerlach u. Nirenberg, 1982 zitiert in Summerell u. Lesli, 2001). Dabei parasitiert zwar der überwiegende Teil Pflanzen (Wollenweber u. Reinking, 1935), doch der Begriff „Ährenfusariosen“ umfasst nur 17 Arten, die an Kulturpflanzen Schädigungen hervorrufen können (Lienemann, 2002). Hierzu wird *Fusarium graminearum* gezählt.

Fusarium graminearum ist der Klasse der anamorphen Ascomyceten, Ordnung Hypocreales, Familie Hypocreaceae, Gattung Gibberella zuzuordnen (Hoffmann et al., 1994). Neben dem anamorph *Fus. gram.* durchläuft dieser Pilz ein sexuelles Stadium (teleomorph) als *Gibberella zeae* (Schwabe.u.Petch). Während der sexuellen Phase werden intensive Kreuzungs- und Rekombinationsereignisse vermutet, worin scheinbar die hohe Aggressivität dieses Pathogens begründet liegt (Bowden u. Lesli, 1992; Miedaner und Schilling, 1996; zitiert in Leonard und Bushnell, 2003). Die dabei in den Perithecien sexuell gebildeten Ascosporen dienen der anemochoren Verbreitung bei feuchten Bedingungen. *Fusarium graminearum* bildet neben Mycel, das karminrot, graurosa, burgundern gefärbt sein kann, vegetative, bananenförmige, drei bis siebenfach septierte, hyaline Makrokonidien mit Fußzelle als Träger der vegetativen Vermehrung (Leonard u. Bushnell, 2003). Neben den Makrokoniden und den Ascosporen werden Chlamydosporen gebildet, die der Überwinterung dienen. Mikrokonidien scheint dieser Pilz nicht zu produzieren (Hoffmann u. Schmutterer, 1999). Als fakultativer Parasit kann *Fus. gram.* sowohl alle lebenden Pflanzenorgane befallen (Hoffmann et al., 1994), als auch in seneszentem Gewebe durch die Bildung von dickwandigen Hyphen und Perithecien überdauern (Leonard u. Bushnell, 2003). Optimale Wachstumsbedingungen des Pilzes liegen zwischen 15°C und 25°C bei 96% bis 99% Luftfeuchtigkeit vor (Magan, 2006).

Fusarium graminearum ist wie viele der Fusarien zur Produktion einer großen Variabilität an Mykotoxinen befähigt. Darunter u.a. Deoxynivalenol, 15-acetyl-4-Deoxynivalenol, Nivalenol, T2-Toxin, Zearalenon (Joffe, 1986; Marasas et al., 1984; Savard u. Blackwell, 1994; zitiert in Leonard u. Bushnell, 2003).

2.2 Biologie von *Giberella zeae* und wirtschaftliche Bedeutung

Obwohl *Fusarium graminearum* sowohl einige Jahre im Boden (Burgess, 1981 zitiert in Leonard u. Bushnell, 2003), wie auch durch dickwandige Chlamydosporen (Dauersporen) auf der Bodenoberfläche (Hoffmann u. Schmutterer, 1999) überleben kann, stellt die Überwinterung an Pflanzenrückständen das bedeutendste Reservoir für *Fus. gram.* dar (Leonard u. Bushnell, 2003). Dabei findet die Überwinterung meist als Mycel oder Perithezium an infizierten Pflanzenteilen oder Ernterückständen statt (Büttner, http://www.lfl.bayern.de/ips/forschung/03787/linkurl_0_88.pdf).

Für die Infektion durch *G. zeae* scheinen in den meisten Fällen Ascosporen als Primärinokulum verantwortlich zu sein (Leonard u. Bushnell, 2003). Diese werden in kleinen schwarzen Fruchtkörpern (Perithezien) auf dem Mycel gebildet (Hoffmann u. Schmutterer, 1999). Die Produktion der Perithezien wird insbesondere von der Temperatur und der Sonnenstrahlung beeinflusst. Eine Einstrahlung unter 320 nm scheint zu der stärksten Bildung von Perithezien zu führen, wobei eine Strahlungsdauer von vier Stunden täglich bereits ausreichend ist (Leonard u. Bushnell, 2003). Obwohl sich ein Temperaturoptimum zwischen 25 und 28°C gezeigt hat, wiesen Tschanz et al. auch Ascosporenproduktion zwischen 11,5°C und 30°C nach (Tschanz et al., 1976, zitiert in Leonard u. Bushnell 2003). Die Ascosporen werden insbesondere nach Regenfällen, wenn die Perithecien und Pflanzenteile abtrocknen, bei einer relative Luftfeuchtigkeit zwischen 60 und 95% und Temperaturen von 11 bis 30°C aus den Perithezien ausgeschleudert (Leonard u. Bushnell, 2003). Ayers et al. vermuteten einen Einfluß der Lichtstrahlung auf die Freisetzung der Ascosporen aufgrund eines signifikant hohen Ascosporengehalts der Luft zwischen 21:00 und 06:00 Uhr(Ayers et al., 1975, zitiert inLeonard u. Bushnell, 2003), kamen aber, wie auch Paulitz (Paulitz, 1996, zitiert in Leonard u. Bushnell, 2003), zu dem Ergebnis, dass dieser Effekt eher durch den Tagesgang der Luftfeuchtigkeit bedingt ist. Kurz nach starken Regenfällen während des Tages oder bei einer Luftfeuchtigkeit über 80% findet nur ein geringer Ascosporenausstoß statt (Paulitz, 1996, zitiert in Leonard u. Bushnell, 2003).

Die Formation der Konidien läuft optimal bei einer Temperatur um 32 °C und anhaltender Blattnässe ab (Leonard u. Bushnell, 2003). Durch Regenspritzer verbreitet können die Konidien von Enterückständen oder unteren Blattetagen bis zu den Ähren gelangen (Habermeyer u. Gerhard, 1997).

Sowohl die Infektion über Ascosporen, wie auch über Konidien setzt eine ausreichende Feuchtigkeit über einen längeren Zeitraum, mindesten 24- 40Std., und Temperaturen über

20°C voraus (Obst u. Bechtel, 2000). Neben Makrokonidien und Ascosporen gelten auch Hyphenfragmente als Inokulum (Sutton, 1982, zitiert in Leonard u. Bushnell, 2003).
Ähreninfektionen sind vom Beginn des Ährenschiebens (BBCH51) bis zur Milchreife des Korns (BBCH77) möglich (Strange u. Smith, 1971, zitiert in Leoard u. Bushnell, 2003), doch die höchste Anfälligkeit des Weizens gegenüber *Fus. gram.* zeigt sich im Zeitraum kurz nach der Blüte (Anderson, 1948, Schroeder u. Christensen, 1963, zitiert in Leonard u. Bushnell, 2003).
Entlang der Antheren, welche während der Blüte aus den Spelzen ragen, kann der Pilz leicht bis zur Narbe vordringen (Pugh et al., 1933) und die Ähre infizieren. Die in den Antheren enthaltenen Stoffe Cholin und Glycinebetaine fördern dabei das Pilzwachstum. Die Antheren stellen somit einen optimalen Nährboden für das Pathogen dar (Pearce et al., 1976, zitiert in Leonard u. Bushnell, 2003). Untersuchungen u.a. von Strange et al. (Strange et al., 1978, zitiert in Leonard u. Bushnell 2003) lassen aber vermuten, dass weder Cholin noch Glycinbetain die Sporenkeimung beeinflussen. Eine alternative Ansicht, vertreten durch Habermeyer u. Gerhard (Habermeyer u. Gerhard, 1997)), geht von einem fördernden Effekt der nährstoffreiche Pollen auf die Keimung der Pilzspore aus, sodass es zu einem erhöhten Erregerdruck während der Blüte kommt. Zwar konnten Kang und Buchenauer (Kang und Buchenauer, 2000, zitiet in Leonard u. Bushnell, 2003) ein Hyphenwachstum innerhalb der Zellwand der Spelzenepidermis beobachten, dies scheint aber keine epidemiologische Bedeutung zu haben. Dennoch ist die Ursache für die hohe Anfälligkeit des Weizens zu dessen Blüte noch nicht endgültig geklärt (Leonard u. Bushnell, 2003). Vom Ort der Infektion breitet sich das Pilzmycel basipetal im vasculärem Gewebe der Ähre aus, sodass der Assimilat- und Wassertransport in die Ährenteile oberhalb der Infektionsstelle unterbrochen wird (Bai u. Shaner, 1996, zitiert in Leonard u. Bushnell, 2003). Dadurch sterben Teile der Ähre ab und es zeigen sich die typischen Symptome der Taubährigkeit. Gleichzeitig kommt es an den Ähren zur massenhaften Bildung der Nebenfruchtform (Anamorph) mit ihren typisch lachsfarbenen Makrokonidien in den Sporenlagern (Büttner, http://www.lfl.bayern.de/ips/forschung/03787/linkurl_0_88.pdf). Die Produktion von DON und ZEA korreliert nicht mit der gebildeten Biomasse, sondern wird primär durch Umwelteinflüsse gesteuert, wobei das Maximum der Mykotoxinproduktion bei 25°C und 99% Luftfeuchtigkeit liegt (Magan, 2006). Diese Erkenntnis kann auch die Ergebnisse eines bayernweiten DON-Monitorings, dargestellt in Abb.1, erklären. Die jährliche Variation des Klimas während der Vegetationszeit hat unterschiedliche DON-Belastungen zur Folge(Lepschy u. Munzert, 2005).

Die wirtschaftliche Bedeutung dieses Pathogens geht neben der Kontamination der Körner mit Mykotoxinen auch von der Reduktion des Ernteertrags aus. Der verminderte Ernteertrag resultiert aus einer Verminderung der pflanzlichen Assimilationsfläche als Folge der phytotoxischen Trichothecene, die Chlorosen, Nekrosen und Welke bedingen können (Mc Clean, 1996, zitiert in Leonard u. Bushnell 2003). Das Absterben photosynthetisch aktiver Fläche reduziert u.a. die Bildung von Kohlenhydraten, sodass es zu Kümmerkornbildung, verringertes Tausendkorngewicht und geringeren Kornzahlen pro Ähre kommt. Die Störung der Assimilat-Translokation in die Körner wird durch das Eindringen des Pilzmycels in das Phloem und Phloemparenchym und den anschließenden Kollaps dieser Gewebe verstärkt (Mielke, 1988). Infektionen vor Ende der Fruchtreife (BBCH77) können zu einer vollständigen Zerstörung der Samenanlagen führen, noch ehe das Korn angelegt ist (Mielke 1988), und somit zu einer erheblichen Verringerung der Kornzahl führen.

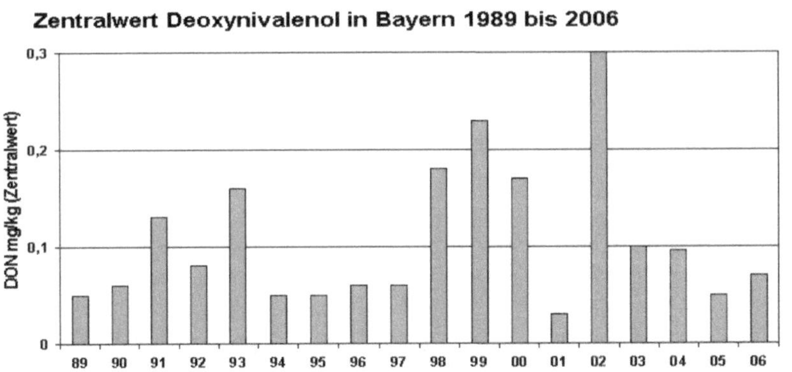

Abbildung 1 Zentralwerte Deoxynivalenol in Bayern; Quelle: LfL Bayern

2.3 Synopse der bestehenden Fusarium-Befallsprognosemodelle

Obwohl sich die chemische und pflanzenbauliche *Fusarien*-Bekämpfung als problematisch darstellt, werden derzeit lediglich zwei Befallsprognosemodelle, eines durch Obst und Bechtel (Obst und Bechtel, 2000), das zweite von Hooker et al. (Hooker et. al., 2002), für dieses Pathogen angeboten.

Das von Obst u. Bechtel formulierte und von der LfL Bayern angebotene Modell basiert im

Grundsatz auf den Wetterbedingungen und dem daraus resultierenden Einfluss auf den Sporenflug während der Weizenblüte. Dabei finden die Infektionsbedingungen an den Ähren bis zum Ende der Blüte Berücksichtigung.
Bei der Interpretation der Wetterdaten wird davon ausgegangen, dass für den Sporenflug zuerst Regen die Perithecien aufquellen lassen muss, sodass bei deren Trocknung die Ascosporen ausgeschleudert werden. Eine Infektion setzt eine hohe Luftfeuchtigkeit voraus. Dabei wird im Model Obst/Bechtel zwischen einer Primärinfektion durch Ascosporen und einer Sekundärinfektion über Konidien differenziert. Infektionen über Ascosporen setzen eine feucht-warme Witterung voraus, Konidieninfektionen können auch bei niedrigeren Temperaturen ablaufen.

Im Model wird das Infektionsgeschehen wie folgt prognostiziert.

1. Askosporenflug

In den Weizenstadien BBCH 39/41-61 findet mindestens ein Niederschlagsereignis mit mehr als 4mm statt. Diesem folgt ein Tag mit Temperaturen über 18°C oder mehreren zusammenhängenden Tagen mit Temperaturen über 16°C.

2. Ähreninfektion durch Askosporen

Nach dem Askosporenflug in den Stadien BBCH 55-69 sind insgesamt 2 Tage mit einer Temperatur über 17° C und Niederschlägen von mindestens 2 mm für eine Primärinfektion vorauszusetzen.

3. Konidiosporenbildung auf oberen Blättern und Ähreninfektion

Für die Sekundärinfektion durch Konidien wird, für die Zeit unmittelbar nach dem Ascosporenflug eine mindestens fünftägige Feuchtigkeitsperiode angenommen, d.h. Niederschläge oder Blattnässe.

Somit kann zwar eine Risikoabschätzung zum Zeitpunk der Infektion vorgenommen werden, doch die letztlich entscheidende Situation zur Ernte wird nur rudimentär erfasst. Die Witterung in der gesamten Periode, von der Weizenblüte bis zu der Ernte, beeinflusst die Pathogenentwicklung und dadurch auch die Toxinakkumulation in den Körnern (Obst u. Bechtle, 2000). Zwar ist in der Praxis nur das Endergebnis entscheidend, doch durch die geringe Zeitspanne für einen wirksamen Einsatz der derzeitigen Pflanzenschutzmittel direkt während der Inokulation und somit meist zur Weizenblüte kann die später in der Vegetationszeit folgende Witterung in dem Model nicht berücksichtigt werden.

Die Analysen durch Hooker et al. (Hooker et. al., 2002) fanden zwischen 1996 und 2000 auf 399 Feldern im Süden von Ontario (Kanada) statt. Als Grundlage für ein DON-Kontaminations-Prognosemodell wurden auf diesen Schlägen die täglichen Niederschläge, Luftfeuchtigkeit und Temperatur während der Vegetationszeit dokumentiert und bei der Ernte die DON-Gehalte der Weizenkörner gemessen. Das Ergebnis dieser Analyse zeigte erneut die herausragende Bedeutung der Witterung während der Weizenblüte. Daher unterteilte Hooker et al. diesen Zeitraum in drei Perioden.

In der ersten Periode, vier bis sieben Tage vor dem Ährenschieben, steigt der DON-Gehalt im Allgemeinen linear mit der Anzahl der Tage mit mehr als 5mm Regen an und verringert sich mit der Anzahl der Tage mit Temperaturen unter 10°C.

Die zweite Periode, drei bis sechs Tage nach dem Ährenschieben, ist gekennzeichnet durch eine Zunahme der DON-Gehalte mit den Tagen, an denen mehr als 3mm Regen auftritt, und durch ein Absinken von Tagen mit mehr als 32°C.

Sieben bis zehn Tage nach dem Ährenschieben, in der dritten Periode, steigt die Toxinbelastung entsprechend der Anzahl an Tagen mit mehr als 3mm Regen, sinkt aber nicht mehr. Insgesamt konnten 73% der Variation in den DON-Konzentrationen durch die Wetterbedingungen erklärt werden, sodass Formeln hergeleitet werden konnten, mit denen die Befallswahrscheinlichkeit ausgedrückt in µg DON/g Erntegut berechnet werden kann. (Hooker et al., 2002)

Ein weiteres Prognose-Model sei nur erwähnt, da es von den Entwicklern (Ohio-State-University) nicht für den landwirtschaftlichen Einsatz empfohlen wird, sondern ausschließlich zur allgemeinen Information dient. In etwas vereinfachter Form ähnelt es dem Model von Hooker et al. (http://www.oardc.ohio-state.edu/ohiofieldcropdisease/wheat)

3. Material und Methoden

3.1 Versuchsfaktoren

Unterschiedliche Versuchsglieder basierend auf variablen Kombinationen von wechselnden Einflussfaktoren sind die Grundlage für die Beantwortung der Fragestellungen dieses Versuches. Jedes Versuchsglied besteht zur statistischen Absicherung aus vier Wiederholungen. Dabei können die Effekte der Einflussvariablen anhand von spezifischen Zielvariablen analysiert werden.

3.1.1 Beschreibungen der Einflussvariablen

Die Einflussvariablen des Versuches sind Inokulumpotential, Inkubationszeit und Zusatzbefeuchtung.

Inokulumpotential

Durch eine gestaffelte Konzentration der infektiösen Makrokonidien des Erregers *Fusarium graminearum* in der Sporensuspension soll gezeigt werden, inwiefern sich ein erhöhter Infektionsdruck auf den Befallsverlauf und den Ertrag von Weizenpflanzen auswirkt. Die in Kapitel 3.4 beschriebene Stammlösung wird hierfür jeweils auf Konzentrationen von $5*10^5$ Sporen/ml, $5*10^4$ Sporen/ml und $5*10^3$ Sporen/ml mit H_2O_{bidest} verdünnt.

Inkubationszeit

Nach Inokulation der Pflanzen mit der Sporenlösung wurden die Pflanzen unmittelbar in eine Inkubationskammer mit erhöhter Feuchtigkeit (siehe Kapitel 3.6) überführt. Dort verblieben sie entsprechend der Versuchsglieder 12 Stunden, 24 Stunden, 48 Stunden und 72 Stunden. Dadurch wurden variable Feuchteperioden während der Infektion simuliert um deren Auswirkungen auf Befallsverlauf und Ertrag zu untersuchen.

Zusatzbefeuchtung

Der Einfluss postinfektioneller Nassperioden wurde wiederum mit Hilfe der Inkubationskammern simuliert. Dabei wurden die bereits befallenen Weizenpflanzen zusätzlich an zwei aufeinanderfolgenden Nächten 12 Stunden lang befeuchtet. Mögliche Effekte erhöhter Feuchtigkeit auf den Befallsverlauf und die Ertragsparameter (siehe Kapitel

3.1.2) sollen dadurch im Zeitraum 5 Wochen nach der Blüte aufgezeigt werden.

3.1.2 Beschreibung und Erfassung der Zielvariablen

Ertrags- und Befallsparameter sind die Zielvariablen, an welchen der Effekt der einzelnen Einflussvariablen abgelesen werden kann. Als Ertragsparameter wurden die Frischmasseproduktion und der Einzelährenertrag, für die Befallsparameter die Befallshäufigkeit und Ährennekrotisierung erhoben.

Ertragsparameter

Die Erfassung der Parameter erfolgte während der Ernte zu BBCH 99. Für jede Wiederholung wurden einzeln die produzierte Frischmasse und der Einzelährenertrag bestimmt. Die Ernte erfolgte manuell und wurde an einem Tag von drei Personen durchgeführt. Die Ergebniswerte der einzelnen Wiederholungen wurden zu einem Mittelwert für das gesamte Versuchglied zusammengefasst.

Frischmasseproduktion

Zum Erntetermin wurden alle Pflanzen einer Wiederholung ca. 1cm über der Erdoberfläche der Mitscherlichgefäße abgeschnitten, gebündelt und auf einer geeichten Waage der Firma Sartorius (Wägegenauigkeit 0,1g) gewogen. Somit flossen in den Ertragsparameter „Frischmasseproduktion“ alle oberirdischen Pflanzenteile wie Ähre, Stängel, Blätter ein. Die Frischmasse wird in Gramm pro Topf (g/Topf) angegeben.

Einzelährenertrag

Die Erfassung des Ertragsparameters Einzelährenertrag erfolgte, indem alle ährentragenden Halme eines Mitscherlichgefäßes (entspricht einer Wiederholung) einzeln in einer Einzelährendreschmaschine (Kurt Pelz Saatreinigungsmaschinen, Bad Godesberg) ausgedroschen und die Körner mit einer Saatreinigungsmaschine (Kurt Pelz Saatreinigungsmaschinen, Bad Godesberg) von Druschresten gereinigt wurden.

Zur Ermittlung der Kornfrischmasse wurden alle ausgedroschenen Körner eines Mitscherlichgefäßes direkt nach der Reinigung auf einer geeichten Waage (Sartorius) gewogen und dokumentiert. In einem Trockenschrank bei 60°C erfolgte ein kompletter Wasserentzug; der jeweilige Wassergehalt ergab sich als Quotient der Rückwaage/Einwaage*100. Der mittlere Einzelährenertrag einer Wiederholung wurde anhand des erfassten Trockengewichts der entsprechenden Körner dividiert durch die Anzahl an gedroschenen Ähren der analogen Wiederholung errechnet. Die Einheit für den individuellen Einzelährenertag jeder Wiederholung ist Gramm Trockengewicht pro Ähre (g TG/Ähre).

Befallsparameter

Befallshäufigkeit und nekrotisierte Blattfläche (%) wurden zur Analyse des Befallsverlaufs herangezogen. AUDPC-Werte („Area under Deseases Progress Curve") (Kranz und Holzer, 1993) dienen der Darstellung der Befallsparameter. Dadurch wird der Verlauf des Befalls über die gesamte Vegetationszeit aufsummiert und auf einen Wert reduziert (Abb. 2). Grundlage für die Berechnung der AUDPC-Werte sind die Boniturdaten von je zehn ährentragenden Halmen je Wiederholung. Aus dem Mittelwert über die vier Wiederholungen errechnet sich der AUDPC-Wert der Variante.

Die Bonitur erfolgte im Laufe des Versuches an fünf Terminen; die Halme hierzu wurden zufällig ausgewählt. Gleichzeitig wurde die Pflanze auf Symptome zu bekämpfender Pathogene untersucht.

Befallshäufigkeit der Ähre

Der Prozentsatz der Ährchen einer Ähre, welche Fusarium-Befall aufweisen, wird durch die Befallshäufigkeit an den Ähren der untersuchten Einzelpflanzen ausgedrückt. Da der erste Boniturtermin zeigte, dass bei dieser Weizensorte im Durchschnitt 20 Ährchen eine Ähre bilden, wurde im weiterem dieser Wert vorausgesetzt. Aus diesem Wert im Verhältnis zu den bonitierten symptomtragenden Ährchen errechnet sich das prozentuale Verhältnis, das durch die Befallshäufigkeit der Ähre Ausdruck findet.

Ährennekrotisierung

Nekroseflächen und Weißährigkeit als Symptome des Befalls mit *Fus. gram.* werden im Verhältnis zur gesamten Ährenfläche durch den Parameter Ährennekrotisierung in % ausgedrückt. Die Bonitur der Nekrotisierung der Ährenfläche erfolgte in Anlehnung an die Boniturhilfe für Spelzenbräune, die der Weißährigkeit richtete sich nach der Boniturhilfe für „Partielle Weißährigkeit" (Walther et al., 2000)

Der AUDPC-Wert kalkuliert den Befall über den gesamten Verlauf einer Vegetationszeit als Fläche unter der Befallskurve. Somit geht die im Beispiel rot schraffierte Fläche in die Berechnung des AUDPC-Wertes der Variante 4/024/+, die grüne in die der Variante 04/012/0.-

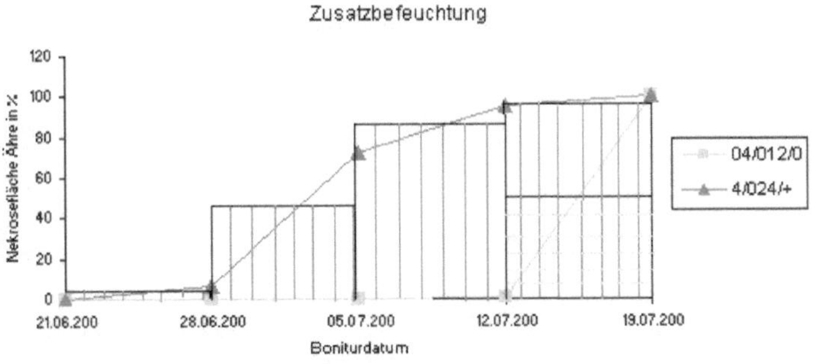

Die Fläche unter der Befallskurve dividiert durch 100 ergibt den AUDPC-Wert. Die zu Grunde liegende Formel lautet:

$$AUDPC_{WH}=(((\%Nek_{WH\_Bon1}+\%Nek_{WH\_Bon2})/2)*Tage+((\%Nek_{WH\_Bon2}+\%Nek_{WH\_Bon3})/2)*Tage$$
$$+((\%Nek_{WH\_Bon3}+\%Nek_{WH\_Bon4})/2)*Tage+((\%Nek_{WH\_Bon4}+\%Nek_{WH\_Bon5})/\ 2)*Tage/100$$

$\%Nek_{WH\_BonX}$: Mittlere prozentuale Ährennekrotisierung der Wiederholung, gebildet aus 10Ährentragenden Halmen am Boniturtermin X

Tage: Zeitspanne zwischen den jeweiligen Boniturterminen (7Tage)

Abbildung 2 Erläuterung zur Berechnung des AUDPC-Wertes; Quelle: Eigene Anfertigung

3.2 Versuchsglieder

Alle Varianten des Versuches basieren je auf vier Wiederholungen mit gleichen Einflussparametern, wobei sich jede Wiederholung aus den Einzelpflanzen (n=25) eines Mitscherlich Gefäßes zusammensetzt. Die unbehandelte Kontrolle ist ebenfalls durch vier Mitscherlich Gefäße repräsentiert.

Varianten zu der Fragestellung des Einflusses der postinfektionellen Zusatzbefeuchtung

Die Fragestellung der Wirkung einer postinfektionellen Zusatzbefeuchtung auf Ertrag und Befall wurde an zwölf Varianten untersucht. Ab der Inokulation bei BBCH 65 und einer Inkubation von 48h wurden die betreffenden Pflanzen jeweils zwei Nächte (12h) pro Woche über fünf Wochen hinweg in die Inkubationskammer (siehe 3.6) mit erhöhter Feuchtigkeit gestellt. Nach der Feuchtebehandlung trockneten die Pflanzen im Versuchs-Gewächshaus an der Luft wieder ab. Um den Effekt dieser Zusatzbefeuchtung auch unter variablen Bedingungen hinsichtlich des Inokulumpotentials und der Inkubationszeit zu beobachten, wurde von jedem Versuchsglied eine Variante mit und eine ohne Zusatzbefeuchtung hergestellt. Die betreffenden Versuchsglieder sind in Tabelle 1 aufgelistet.

Tabelle 1 Versuchsglieder zur Fragestellung des Einflusses einer postinfektionellen Zusatzbefeuchtung

BBCH bei Inokulation	Inkubationsdauer Std.	Zusatzbefeuchtung	Sporenkonzentration $5*10^x$ Sporen/ml
65	48	0	5
65	48	+	5
65	48	0	4
65	48	+	4
65	48	0	3
65	48	+	3
65	12	0	4
65	12	+	4
65	24	0	4
65	24	+	4
65	48	0	4
65	48	+	4
65	72	0	4
65	72	+	4

Varianten zu der Fragestellung des Einflusses des Inokulumpotentials

Sechs Varianten des Versuches dienen der Fragestellung, inwieweit die Höhe der Sporenkontamination einen Einfluss auf den Befallsverlauf und den Ertrag hat. Hierfür wurden die Pflanzen dieser Versuchsglieder mit unterschiedlichen Konzentrationen $5*10^5$, $5*10^4$ und $5*10^3$ an Makrokonidien pro ml H_2O_{bidest} inokuliert. Jede Konzentration fand zweimalige Anwendung, sodass die Interaktion von Zusatzbefeuchtung (0,+) und Inokulumstufe ($5*10^5$, $5*10^4$, $5*10^3$ Konidien) ermessen werden konnte. Im Übrigen erfuhren diese Versuchsglieder analoge Behandlungen wie in Tabelle 2 dargestellt.

Tabelle 2 Versuchsglieder zur Fragestellung des Einflusses des Inokulumpotentials

BBCH bei Inokulation	Inkubationsdauer Std.	Zusatzbefeuchtung	Sporenkonzentration $5*10^{x}$ Sporen/ml
65	48	0	5
65	48	0	4
65	48	0	3
65	48	+	5
65	48	+	4
65	48	+	3

Varianten zur Erfassung des Effektes variabler Inkubationszeiten

Auf die Inokulation der Pflanzen mit *Fusarium graminearum* folgend wurden die Pflanzen für 12, 24, 48 und 72 Stunden in der Inkubationskammer bei gesättigter Atmosphäre (100% rLf) inkubiert. Die Varianten im Detail sind in Tabelle 3 angeführt.

Tabelle 3 Versuchsglieder zur Fragestellung des Einflusses der Inkubationszeit

BBCH bei Inokulation	Inkubationsdauer Std.	Zusatzbefeuchtung	Sporenkonzentration $5*10^{x}$ Sporen/ml
65	12	0	4
65	24	0	4
65	48	0	4
65	72	0	4
65	12	+	4
65	24	+	4
65	48	+	4
65	72	+	4

Grundsätzlich: Wenn Sie Tabellen und Graphiken einbringen, dann muss auf diese im Text mit entsprechenden Erklärungen verwiesen werden!

3.3 Weizenanzucht und Kultivierung

Das von der Saatunion gestellte Saatgut wurde am 10. April in 160 Mitscherlichgefäße, jedes auf 1200g austariert und mit 6300g Erde befüllt, ausgesät. Bei der verwendeten Erde handelte es sich um Freiland-Ackererde (sandiger Lehm, Bodenzahl 65), die durch einen Erdwolf gelockert worden war. Die Einsaat erfolgte in 15 in die Erde gestanzte Löcher mit je 2 Körnern. Somit bemaß die Saatstärke 30 Körner je Gefäß. Im direkten Anschluss an die Saat wurden pro Gefäß 100ml Wasser gegossen. Die Grunddüngung erfolgte am 20. April mit 0,8g Nitrat pro Gefäß (=66kg N/ha) in Form von Ammonium-Nitrat. Im Verlauf der Vegetationszeit erfolgten vier weitere Gaben von je 0,8g Nitrat.

Nach vollständigem Auflaufen wurde am 26. April die Pflanzenzahl pro Gefäß auf 25 Pflanzen reduziert, um ein gleichmäßiges Pflanzenmaterial zu erhalten.

Abbildung 3 Weizenpflanzen des Versuchs in der Vegetationshalle; Quelle: Eigene Aufnahme

Die Kultivierung der Pflanzen erfolgte in einer Vegetationshalle mit fahrbarem Dach (Abb.3), wodurch eine Beeinträchtigung des Versuches durch einfallenden Regen und unerwünschte Blattnässe ausgeschlossen wurde. Mit Hilfe einer Gießwaage erfolgte die Bewässerung der Pflanzen, so dass jedem Gefäß die Wassermenge, welche dem Verbrauch der Pflanzen entsprach, verabreicht werden konnte.

Zu Bekämpfung von echtem Mehltau kam es zu zweimaliger Anwendung des Fungizids *FortressTop*® (DowAgroScience, 250g/l Fenpropimorph + 66,7g/l Quinoxyfen, 0,5 l/ha) und einmalig *Flexity*® (BASF, 300g/l Metrafenone, 0,5 l/ha). Zur Bekämpfung von Blattläusen wurde zweimal das Insektizid *Karate Zeon*® (Syngenta, 100 g/l Lambda-Cyhalathrin, 0,75 ml/ha) gespritzt. Alle Pflanzenschutzmaßnahmen wurden manuell unter Verwendung einer dreidüsigen Buckelspritze durchgeführt (Airmix-Düse 110-03, Spritzwinkel 110, 300 l/ha, Düsenabstand 40cm).

3.4 Anzucht des Erregers und Herstellung des Inokulums

Drei Einzel-Spor-Isolate des Erregers *Fusarium graminearum* standen am Lehrstuhl für Phytopathologie der Technischen Universität München/Weihenstephan als Grundlage für das Inokulum zu Verfügung. Anhand der Konidienform wurde unter dem Lichtmikroskop (Leitz Wetzlar, Germany) sichergestellt, dass es sich um die Art *Fusarium graminearum* handelt. Diese Einzel-Spor-Isolate wurden sowohl auf nährstoffreiches Hafermehl-Agar-Medium, als auch auf reines Wasser-Agar-Medium überimpft und vermehrt. Die Kulturmedien wurden bei 121°C bei 1bar für zwanzig Minuten autoklaviert und im direkten Anschluss in Petrischalen gegossen (Tab. 4).

Kulturmedien:

Tabelle 4 Angaben zu den verwendeten Kulturmedien

Wasser-Agar-Medium	Hafermehl-Agar-Medium
1000ml H2Obidest	500ml H20bidest
20g Agar (Firma Caelo)	10g Agar (Firma Caelo)
	15g Hafermehl „Neuform HOLO®,
	BiohaferGold“ (Zusammensetzung siehe Anhang Abb.1)

Sieben Tage vor Inokulation wurden von den Vermehrungs-Platten ca. 1cm^2 große Fragmente auf frische Hafermehl-Agar-Platten überimpft und für ein beschleunigtes Wachstum des Pilzes täglich 12 Std. unter UV-Licht (Phillips TLD 36W/08) kultiviert.

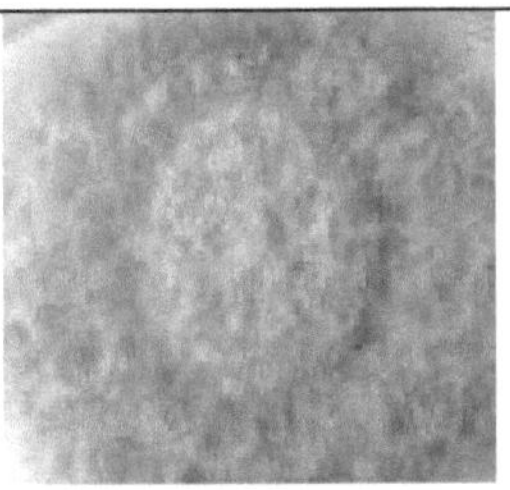

Abbildung 4 Fusariummycel auf Hafermehlager-Medium; Quelle: Eigene Aufnahme

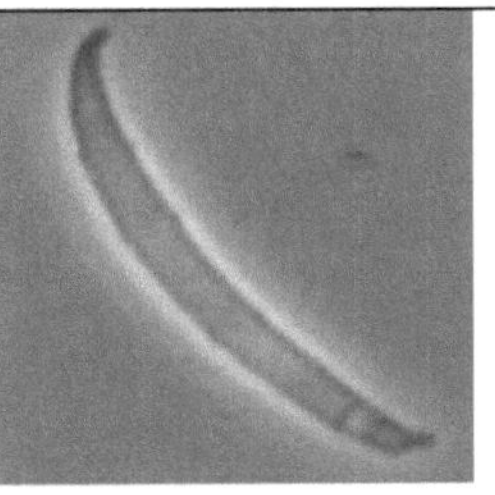

Abbildung 5 Konidie von *Fusarium graminearum*; Quelle: Eigene Aufnahme

Die Sporensuspension entstand durch Abschwemmen des Pilzmycels und der Konidien (Abb.4 u. Abb.5) von dem Nährmedium durch H_2Obidest. Das Mycel wurde im nächsten Schritt durch eine Mullmembran aus der Suspension ausgefiltert. Die Konzentration der in der Suspension verbliebenen Konidien wurde unter dem Lichtmikroskop durch Auszählen der Konidien in einer Thoma-Zählkammer festgestellt. Die ermittelte Sporenkonzentration wurde durch entsprechenden Zusatz von H_2Obidst auf die gewünschte Sporendichte eingestellt. Um die Oberflächenspannung der Suspension herabzusetzen und somit eine bessere Benetzung der Pflanzen zu erreichen, wurden 0,5ml/l Tween 20 (Merck-Suchard, Hohenbrunn) als Emulgator beigemischt.

3.5 Inokulum und Inkubation

Die Inokulation der Weizenpflanzen mit der Sporensuspension geschah durch manuelle Sprühinokulation. Unter ständigem Drehen der Mitscherlichgefäße konnte mit einer elektrischen Airbrush-Spritze (Wagner) die vollständige, gleichmäßige Benetzung der Ähren gewährleistet werden.

Unmittelbar nach der Inokulation wurden die Pflanzen in der Inkubationskammer inkubiert. Die Inkubationskammer wurde aus einem Aluminiumgestell mit darüber gespannter lichtdurchlässiger PVC-Folie errichtet. Im Inneren der Inkubationskammer sorgten zwei Defensoren für die Befeuchtung. Die Defensoren (Wasserzerstäuber) waren zeituhrgesteuert. Je nach Variante verblieben die Pflanzen 12Std, 24Std, 48Std und 72 Std. in der Kammer, wobei die Defensoren in einem dreistündigen Rhythmus für 10 Minuten arbeiteten. Eine große Varianz in der Temperatur war durch das umgebende Gebäude ausgeschlossen, sodass die Temperatur bei konstant 22°C lag. Die nicht inokulierte Kontrollvariante wurde analog behandelt. Verfälschungen der Ergebnisse vor allem durch eine verminderte Photosyntheseaktivität unter der PVC-Folie wurden somit minimiert.

3.6 Datenauswertung

Die Datenauswertung erfolgte in Excel Microsoft Office 2003 an einem Medion Professional Computer mit Pentium 4 (2,60GHz) und 512 MB RAM. Dabei folgte die Datenanalyse der in Kapitel 3.1.2. beschriebenen Vorgehensweise.

Die Standardabweichungen sowie Graphiken wurden ebenfalls in Excel(2003) berechnet.

Die Fehlerbalken stellen die jeweilige Standardabweichung der vier Wiederholungen einer Variante gegenüber dem Gesamtmittelwert dieser Variante dar. Dabei errechnet sich die

Standardabweichung aus:

$STABW = \sqrt{(\sum((x_1\text{-}x\_)^2+(x_2\text{-}x\_)^2+(x_3\text{-}x\_)^2+(x_4\text{-}x\_)^2)/(n-1))}$

Wobei x1-x4 der Einzelwert der Wiederholung 1-4, x_ der Gesamtmittelwert der Variante über 4 Wiederholungen und n der Stichprobenumfang ist.

4 Ergebnisse

4.1 Einfluss des Inokolumpotentials auf Befall und Ertrag

Dieser Abschnitt stellt die Ergebnisse dar, die sich aus der Inokulation der Weizenpflanzen mit variablen Makrokonidiendichten ergeben.

Hierfür wurden die entsprechenden Varianten zu BBCH 65 mit einer Sporensuspension künstlich infiziert. Die Suspension enthielt je nach Variante $5*10^3$, $5*10^4$ und $5*10^5$ Makrokonidien/$ml_{H20\ bidest}$ des Pathogens *Fusarium graminearum*. Als Referenz diente eine unbehandelte Kontrolle.

Frischmasseproduktion

Nicht überbewerten, methodische Ungenauigkeiten waren hier unvermeidlich, z.B. das Abschneiden der Halme sowie unterschiedliche Feuchtegehalte der FS.

Die Frischmasseproduktion der Varianten unter dem Einfluss gestaffelter Inokulumpotentiale wird in Abbildung 6 dargestellt.

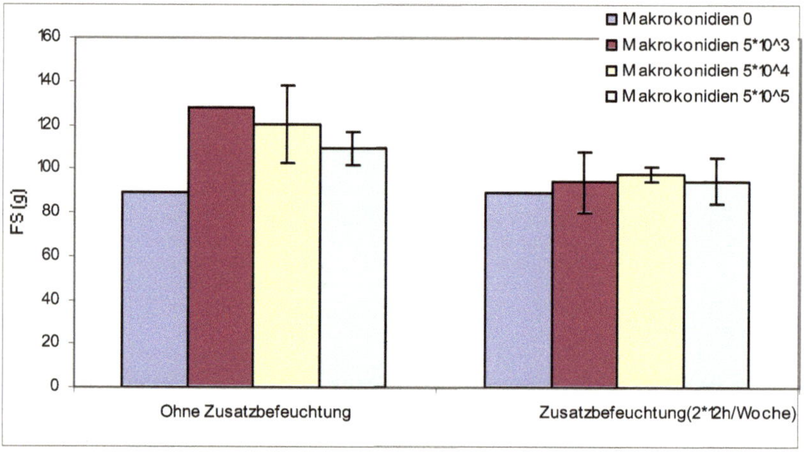

Abbildung 6: Einfluss gestaffelter Inokulumpotentiale auf die Frischsubstanz (FS) ganzer Weizenpflanzen (n=25)

Im Mittel über alle Wiederholungen einer Variante wurde die höchste Frischmasse bei der Inokulation mit $5*10^3$ Makrokonidien/ml H_2O_{bidest} gemessen. Die nicht inokulierte Kontrollvariante bildete mit 89,5g am wenigsten Frischmasse aus. Eine ausschließliche

Betrachtung der Mittelwerte der einzelnen Varianten lässt zwar einen Rückgang der Frischmasseproduktion mit steigendem Inokulumpotential in der Tendenz erahnen, unter Berücksichtigung der jeweiligen Standardabweichung lassen die Daten aber keine gesicherte Schlussfolgerung über den Einfluss unterschiedlicher Inokulumpotentiale auf die Frischmasseproduktion zu.

Einzelährenertrag

Abbildung 7 stellt den Effekt dar, den gestaffelte Inokulumpotentiale auf den Einzelährenertrag haben.

Die Kontrollvariante erzielte im Durchschnitt einen Einzelährenertrag von 1,47g Korngewicht je Ähre und stellte den maximalen Einzelährenertrag dar. Die Variante mit dem höchsten Inokulationspotential bildete nahezu keine Körner aus. Unter dem Einfluss der Inokulation mit $5*10^4$ Konidien ergab sich ein Einzelährenertrag, der bei ausschließlicher Betrachtung der Mittelwerte leicht über dem der Variante mit einer Konidiendichte von $5*10^3$ lag. Innerhalb der Variante mit Inokulumpotential $5*10^4$ schwankten die Messergebnisse zwischen 0,08g und 0,32g Korngewicht je Ähre. Im oberen Teil dieses Bereiches fanden sich auch die Messergebnisse der Variante „Inokulumpotential $5*10^3$" mit Werten zwischen 0,2g und 0,31g. Die daraus resultierende Überlappung erschwert eine Interpretation.

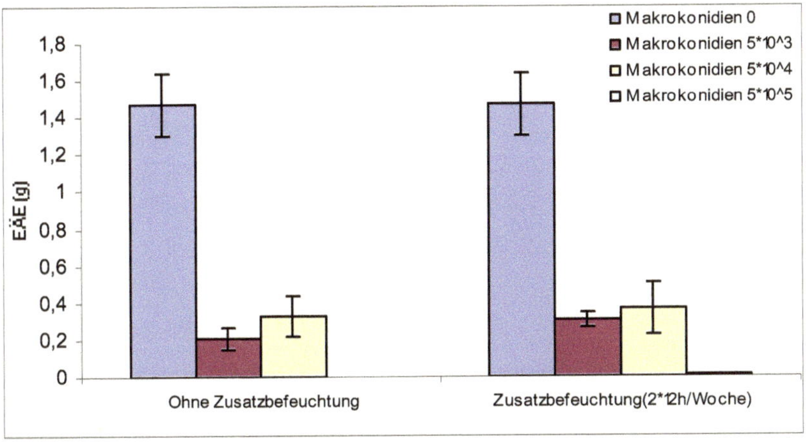

Abbildung 7 Effekt des var. Inokulumpotentials auf den EÄE

Befallshäufigkeit

In Abbildung 8 ist der Einfluss variabler Inokulumpotentiale auf die Befallshäufigkeit der Ähre dargestellt.

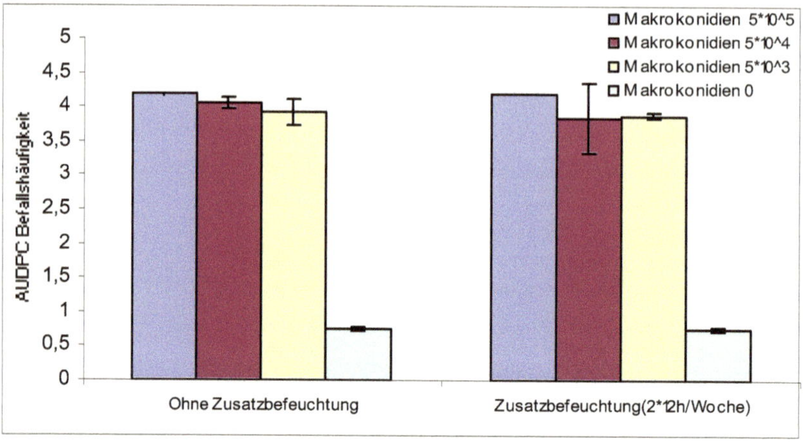

Abbildung 8 Befallshäufigkeit auf Grund unt. Inokulumpotentiale

Die Befallshäufigkeit der Ähre lag in diesem Versuch zwischen 0,75 und 4,19. Der niedrigste AUDPC-Wert wurde bei der Kontrollvariante ohne Inokulation erreicht. Die maximale Befallshäufgkeit drückt sich innerhalb der Variante „Inokulumpotential $5*10^5$" mit einem AUDPC-Wert von 4,19 aus. Unter den inokulierten Varianten stellt die Variante „Inokulumpotential $5*10^4$" den geringsten AUDPC-Wert mit 3,84 dar. Diese Variante zeigte auch die stärksten Schwankungen zwischen den Wiederholungen und somit die ausgeprägteste Standartabweichung. Die AUDPC-Werte für die einzelnen Wiederholungen reichen von 3,6 bis 4,8. In diesem Bereich befinden sich die gesamten Messwerte der anderen Varianten, mit Ausnahme der unbehandelten Kontrollvariante.

Ährennekrotisierung

Abbildung 9 stellt den Einfluss unterschiedlicher Inokulumpotentiale auf die Ährennekrotisierung dar.

Der höchste AUDPC-Wert der Ährennekrotisierung von 21, ein AUDPC-Wert von 28 entspricht dem maximal möglichen Wert, wird durch die Inokulation

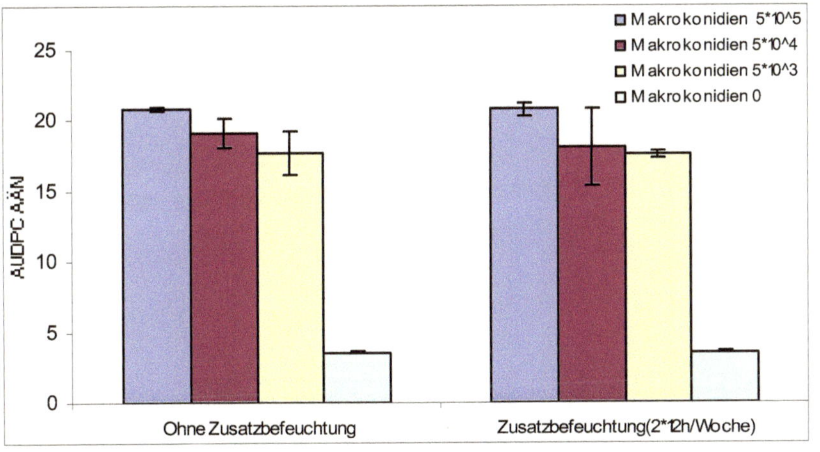

Abbildung 9: AÄN nach unt. Inokulumpotentiale

der Weizenpflanzen mit der höchsten Konidiendichte erreicht. Aus der unbehandelten Variante ergibt sich ein AUDPC-Wert von 3,58. Dieser ist der niedrigste ermittelte Wert dieses Versuches. Die geringste Ährennekrotisierung innerhalb der innokulierten Varianten zeigt die Behandlung „Innolumpotential $5*10^3$" mit einem AUDPC-Wert von 17,58. Somit ergibt sich ein großer Unterschied zwischen der unbehandelten und den inokulierten Varianten, die inokulierten Varianten divergieren nur schwach. Unter Berücksichtigung der jeweiligen Standartabweichung verstärkt sich dieser Effekt.

4.2 Einfluss der Inkubationszeit auf Befall und Ertrag

Das folgende Kapitel befasst sich mit den Wirkungen, die durch unterschiedliche Inkubationszeiten verursacht wurden.

Die zum Stadium BBCH 65 mit $5*10^4$ Makrokonidien/ml_{H20} infizierten Weizenpflanzen wurden je nach Variante 12 Std., 24Std., 48Std. und 72 Stunden in einer Inkubationskammer künstlich befeuchtet. Die nicht infizierte Kontrolle erfuhr die gleiche Behandlung.

Frischmasseproduktion

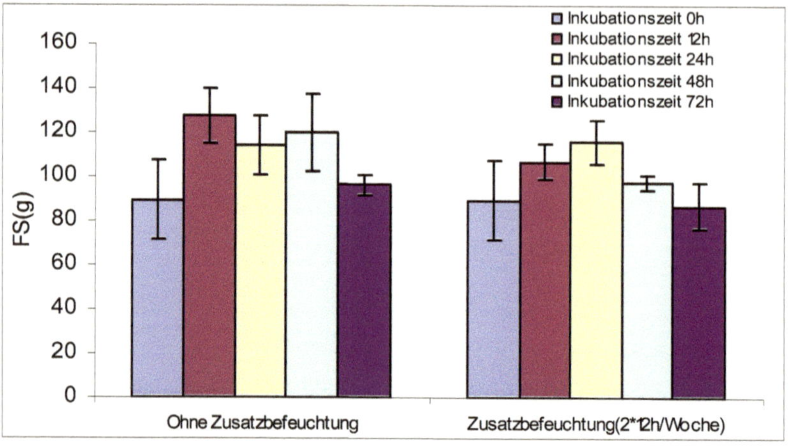

Abbildung 10 FS in Folge var. Inkubationszeiten

Die unter dem Einfluss von variablen Inkubationszeiten produzierte Frischmasse ist in Abbildung 10 veranschaulicht. Mit einem Frischmassegewicht von 86,9g stellt die Variante mit der längsten Inkubationszeit und zusätzlicher Befeuchtung den niedrigsten Wert des Versuches dar. Der Unterschied zu der unbehandelten Kontrollvariante fällt mit 2,5g nur sehr gering aus. Die Varianten mit Inkubationszeiten von 12, 24 und 48 Stunden zeigen gegenüber der Kontrolle eine meist deutliche verstärkte Frischmasseproduktion. Eine Inkubationszeit von 12 Stunden ohne wöchentliche Zusatzbefeuchtung führte zu der maximalen Frischmasseproduktion von 127,4g. Die jeweiligen Mittelwerte, gebildet aus den vier Wiederholungen einer Variante, liegen mit Ausnahme der Kontrolle eng zusammen.

Einzelährenertrag

Starker Einfluss der Inkubationszeit, Zusatzbefeuchtung nicht signifikant.

Wie in Abbildung 11 aufgezeigt, reduziert sich der Einzelährenertrag mit Zunahme der Inkubationszeit. Die unbehandelten Kontrolle mit 1,5gEÄE zeigt gegenüber den Varianten mit

variablen Inkubationszeiten eine deutliche Reduktion des Einzelährenertrages, bis hin zu einem Komplettausfall unter Einfluss der Inkubationszeit von 72 Stunden. Die geringste

Inkubationszeit von 12 Stunden (mit Zusatzbefeuchtung) führt zu einem Ertrag von 0,83g. Ergebnisse zwischen 0,6g und 1,2g EÄE innerhalb der Variante mit 12Std Inkubationszeit (keine Zusatzbefeuchtung) ergeben eine deutliche Standartabweichung, wodurch der Unterschied zu der Variante mit 24 stündiger Inkubation, mit Werten von 0,7g bis 0,9gEÄE undifferenzierbar ist. Bei einer Inkubationsdauer von 48 Stunden ist im Vergleich zu 12 Stunden ein geringerer EÄE deutlich messbar.

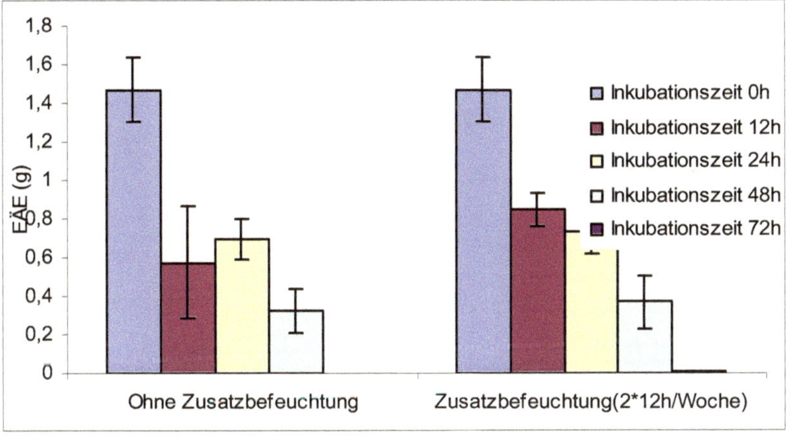

Abbildung 11 EÄE als Resultat var. Inokulumzeiten

Befallshäufigkeit

Nicht überbewerten!, da qualitative Aussage

Die aus unterschiedlichen Inkubationszeiten resultierende Befallshäufigkeiten werden in Abbildung 12 dargestellt. Die nicht inkubierte Kontrollvariante zeigt mit 0,75 den geringsten AUDPC-Wert.

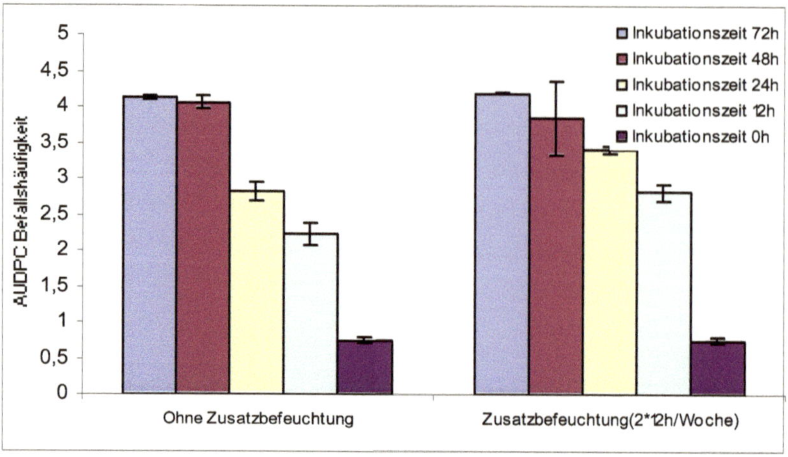

Abbildung 12 BH nach unterschiedlicher Inokulumzeiten

Das Maximum stellen 4,12(von möglichen 5,6) bei der Inkubation von 72 Stunden dar. Zwischen den Varianten mit 72 Std. und 48 Stunden ist kein deutlicher Unterschied erkennbar, hingegen nimmt der AUDPC-Wert von 48 Std. bis zu der Kontrolle markant ab. Die Differenz der Variante „Inkubationszeit 24h“ mit einem Wert von 2,8 (ohne Zusatzbefeuchtung) zu der Variante „Inkubationszeit 12h“ mit 2,2 ist ebenso wie die Stufe von der Inkubationszeit 12 Std. zu der Kontrolle sichtbar. Die ausgeprägte Standartabweichung der Variante „Inkubationszeit 48h“(ohne Zusatzbefeuchtung) wird stark von einem ungewöhnlichem Boniturwert einer Wiederholung bedingt. Im darin resultierende Wertebereich finden sich auch die Ergebnisse von „Inkubationszeit 72h“ und „Inkubationszeit 24h“.

Ährennekrotisierung

Abbildung 13 zeigt den Einfluss gestaffelter Inkubationszeiten auf die Ährennekrotisierung.

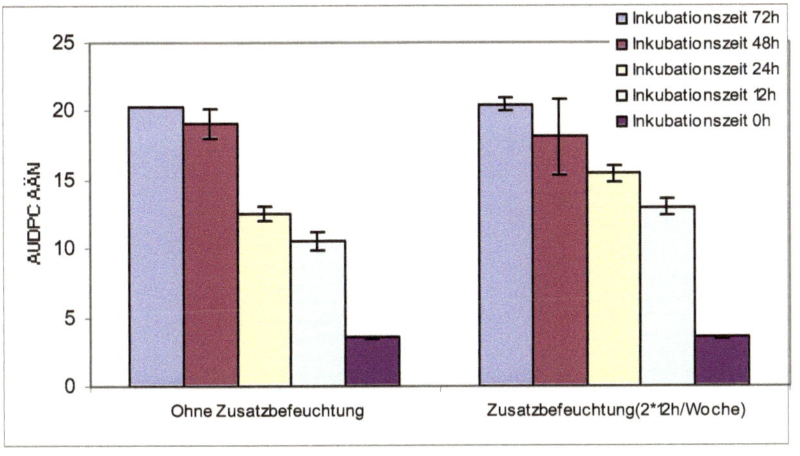

Abbildung 13 Einfluss gestaffelte Inokulumzeiten auf die AÄN

Die AUDPC-Werte der prozentualen Ährennekrosefläche nehmen mit steigender Inkubationszeit stufenweise zu, wobei sich AUDPC- Werte zwischen 3,58 (Kontrolle) und 20,31 („Inkubationszeit 72h") ergeben. Die Differenz der Kontrollvariante zu der Variante „Inkubationszeit 12h" mit dem Wert 13 (mit Zusatzbefeuchtung), wie auch zu der Variante „Inkubationszeit 24h"(mit Zusatzbefeuchtung) mit einem AUDPC-Wert von 15,45 zeichnet sich deutlich ab.

4.3 Einfluss der postinfektionellen Zusatzbefeuchtung auf Befall und Ertrag

Im Folgenden wird auf die Wirkung einer periodisch wiederkehrenden Befeuchtung auf die Ausbreitung des Pathogens *Fusarium graminearum* eingegangen. Die entsprechenden Varianten erfuhren während des Versuches pro Woche zwei Feuchtebehandlungen von je 12 Stunden (Nachts).

Frischmasseproduktion

Die Wirkung einer in regelmäßigen Abständen wiederkehrenden Zusatzbefeuchtung auf die Frischmasseproduktion von Weizenpflanzen wird in Abbildung 14 dargestellt.

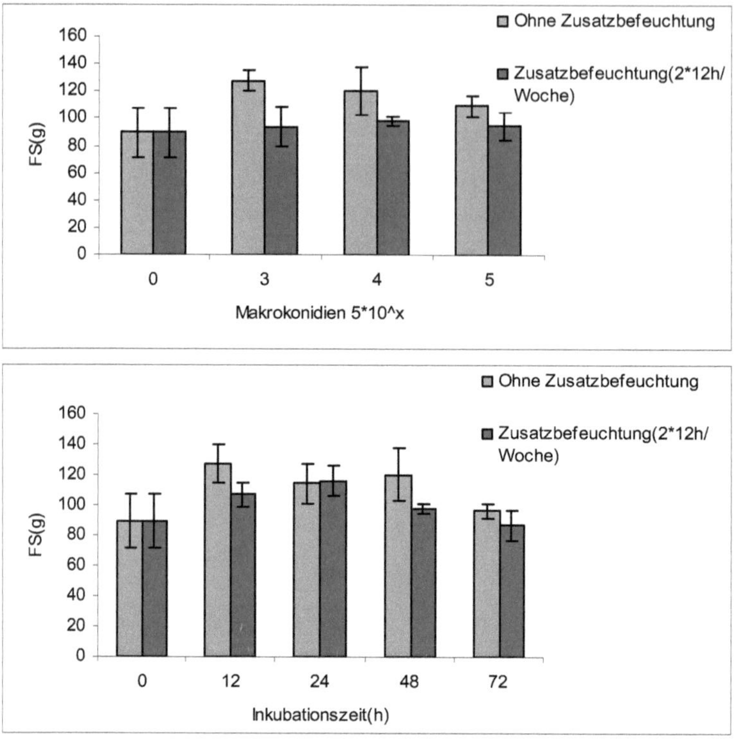

Abbildung 14 FS als Reaktion auf die Zusatzbefeuchtung

Mit einer Ausnahme ist eine Reduktion der Frischmasseproduktion bei einer wöchentlich zweimaligen Zusatzbefeuchtung von je zwölf Stunden im Vergleich zu einer nicht erfolgten zusätzlichen Befeuchtung zu erkennen. Mit im Mittel 87g FS stellt die Variante mit Zusatzbefeuchtung und einer Inkubationszeit von 72 Std. den untersten, die Variante ohne Zusatzbefeuchtung und einer Makrokonidiendichte von $5*10^3$ Konidien/ml H_2O mit 127,8g FS den höchsten ermittelten Wert dar.

Die Messung der unbehandelte Kontrollvariante ergab 89,5g Frischsubstanz. Damit hat sie, neben der Variante „Zusatzbefeuchtung u. 72 Std. Inkubationszeit", die geringste Frischmasse gebildet. Im Allgemeinen reduzierte sich die aufgebaute Frischsubstanz jeweils um mindestens 10g unter dem Einfluss der zusätzlichen Feuchte-Behandlung, wobei der Effekt der Zusatzbefeuchtung umso größer war, je geringer die Makrokonidienzahl bzw. die

Inkubationszeit war. Eine Ausnahme ist nur die Variante mit 24 Std. Inkubationszeit. Hier ist keine Wirkung der Zusatzbefeuchtung ersichtlich.

Einzelährenertrag

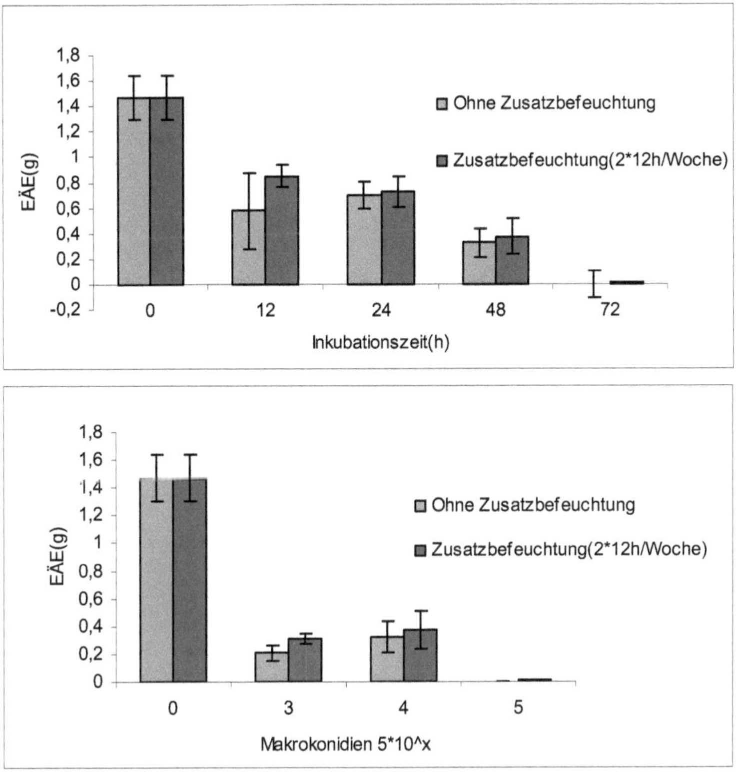

Abbildung 15 Reaktion des EÄE auf die Zusatzbefeuchtung

Die Wirkung der Zusatzbefeuchtung auf den Einzelährenertrag ist in Abbildung 15 ersichtlich.

Die unbehandelte Kontrollvariante zeigt mit 1,5g EÄE den mit Abstand höchsten Wert, die Variante mit einer Konidiendichte von $5*10^5$ Makrokonidien, sowie die Variante mit Inkubationszeit 72 Std. haben nahezu keine Körner gebildet, sodass kein EÄE messbar war. In der Tendenz ist ein negativer Einfluss der zusätzlichen Befeuchtung erkennbar. Für die Variante mit Makrokonidiendichte $5*10^3$ ergab sich eine Reduktion um 0,1g EÄE. Für eine sichere Aussage gestalten sich die Standartabweichungen nahezu aller Varianten als zu gravierend. Ausdruck! Dies trifft insbesondere für die Variante" Ohne Zusatzbefeuchtung und Inkubationszeit 12 Std." zu. Aus den Ergebnissen der einzelnen Wiederholungen von 1,2g; 1,1g; 1,0g und 0,5g EÄE ergibt sich eine Standartabweichung von +/- 0,3g EÄE.

Befallshäufigkeit

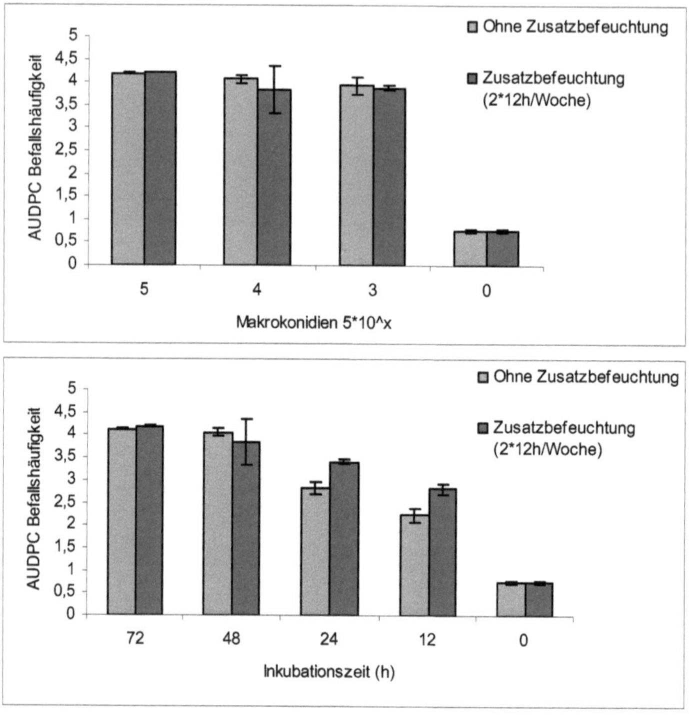

Abbildung 16 Einfluss der Zusatzbefeuchtung auf die BH

In Abbildung 16 sind die Ergebnisse zur Analyse des Einflusses der Zusatzbefeuchtung auf die Befallshäufigkeit dargestellt.

Innerhalb der Varianten mit variablen Makrokonidiendichten (Abb.7) ist keine Wirkung der Zusatzbefeuchtung postulierbar. Hier ergaben sich nicht aussagekräftige AUDPC-Werte zwischen 3,6 und 4,8. Entsprechenden verhält es sich bei den Varianten mit 72 Std. bzw. 48 Std. Inkubationszeit (Abb.10). Eine deutliche fördernde Wirkung auf die Befallshäufigkeit zeigt sich bei Betrachtung der Varianten mit Inkubationszeiten von 24Std., hier steigt die

Befallshäufigkeit von einem AUDPC-Wert 2,8 auf 3,4, und 12 Std. (von 2,2 auf 2,8). Die Kontrollvariante ergab mit dem AUDPC-Wert 0,75 die geringste Befallshäufigkeit.

Ährennekrotisierung

Die Ährennekrotisierung in Abhängigkeit von der wiederkehrenden Zusatzbefeuchtung ist in Abbildung 17 dargestellt.

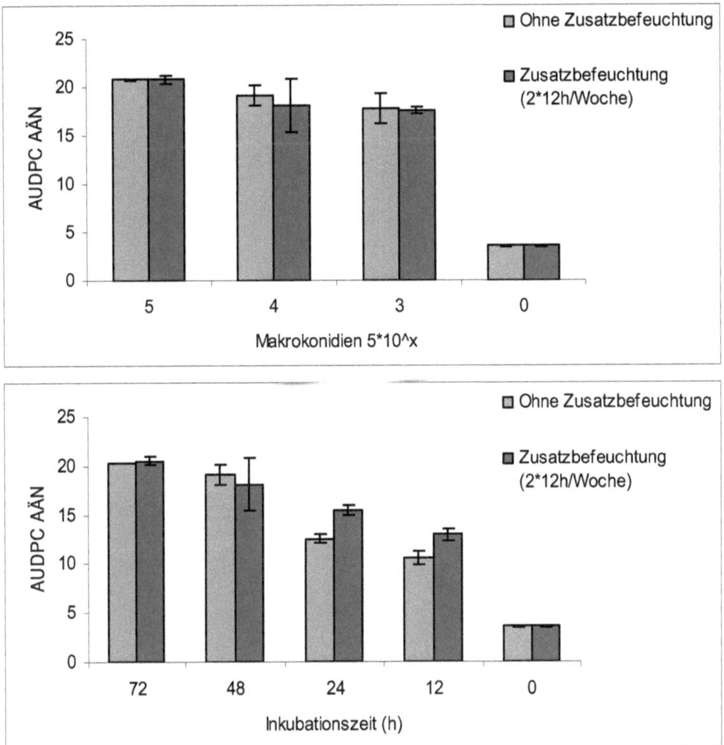

Abbildung 17 AÄN nach Behandlung mit einer Zusatzbefeuchtung

Mit einem AUDPC-Wert von 3,6 zeigt die Kontrollvariante die geringste Ährennekrosefläche. Die Ergebnisse der Varianten mit steigenden Konidiendichten (Abb. 8) stellen sich ähnlich denen der Befallshäufigkeit dar. Die Spanne der AUDPC-Werte erstreckt sich von16,6 bis 22,9. Hier ist keine Differenzierung zwischen „Zusatzbefeuchtung“ und „Ohne Zusatzbefeuchtung“ möglich. Eine Wirkung der Zusatzbefeuchtung ist innerhalb den

Varianten mit 12 Std. und 24 Std. Inkubationszeit festzustellen, da sich die jeweiligen AUDPC-Werte der Variante ohne Zusatzbefeuchtung um ca. 3 Punkte gegenüber denen der Variante „Zusatzbefeuchtung (2*12h/Woche)“ verringern.

5 Diskussion der Ereignisse

Aus den Ergebnissen der einzelnen Versuchsglieder lassen sich deutliche Aussagen zu den Fragestellungen dieses Versuches ableiten. Insbesondere der Einzelährenertrag reagiert auf unterschiedliche Einflussvariablen differenziert. Die Befallsparameter „Befallshäufigkeit" und „Ährennekrotisierung" zeigen ebenfalls deutliche Reaktionen auf unterschiedliche Inokulations- und Wachstumsbedingungen, hingegen scheint der Ertragsparameter „Frischmasseproduktion" nur bedingt auf variable Einflüsse anzusprechen. Gestaffelte Makrokonidienkonzentrationen in der Inkubationslösung führen zu keiner auffälligen Wirkung auf die Frischmasseproduktion. In der Tendenz produzierten die infizierten Varianten mehr Frischmasse als die nicht inokulierte, gesunde Kontrollvariante. Möglicherweise kann dies aus einer erhöhten Zahl an Nachschossern resultieren. Eine Zerstörung der Leitbahnen in Folge des Pilzwachstums könnte eine Translokation von Assimilaten in die Körner verhindern (Feinberg u. McLaughlin, 1989, zitiert in Leonard u. Bushnell, 2003), sodass diese Kohlenhydrate zusätzlich für den Biomasseaufbau zu Verfügung stehen. Eine weitere Erklärung kann die unterschiedliche Schadwirkung, in diesem Zusammenhang vor allem auf den Ertrag, von *Fusarium graminearum* sein. Die Ertragsreduktion resultiert einerseits aus „Kümmerkornbildung" in Folge der Zerstörung von Assimilationsfläche, anderseits aus einer verminderten Kornzahl. Letzteres ist meist Ergebnis einer Infektion zu BBCH 65 (Leonard u. Bushnell, 2003), während des Stadiums der „Anthesis" oder „Vollblüte" (Gerhard u. Habermeyer, 1997), das als besonders anfällig identifiziert wurde (Pugh et al., 1933). Durch das Anschwellen der Lodiculae werden in dieser Phase Deck- und Hüllspelzen geöffnet und die Antheren aus den Blütchen geschoben. Die Blütchen sind somit vollständig ungeschützt, und das Pathogen kann ungehindert die inneren Gewebe der Blütchen befallen, was zu einer kompletten Zerstörung der Samenanlagen führt. Die Kornbildung wird vollständig verhindert (Leonard u. Bushnell, 2003). Entsprechend gibt in diesem Versuch der Einzelährenertrag vor allem eine verminderte Kornzahl die Frischmasseproduktion, primär von der Assimilationsleistung der Pflanze bedingt, die Verringerung des photosynthetisch aktiven Gewebes wieder. Ungenau formuliert! Für diese These sprechen Ergebnisse dieses Versuches. Obwohl der Einzelährenertrag deutlich auf gestaffelte Inokulumpotentiale reagiert, ist dies bei der Frischmasseproduktion nicht ersichtlich, die Wirkung ist sogar konträr. Wie die Befallshäufigkeit der Ähre und die

Ährennekrotisierung, zeigt der Einzelährenertrag in allen drei Konidie-Konzentrationsstufen einen starken Befall mit erheblicher Ertragsreduktion. Bei $5*10^5$ Konidien/ml H_2O kann von einer sofortigen großflächigen Infektion und einer vollständigen Zerstörung der Samenanlagen ausgegangen werden. Eine Verringerung der Inkubationsdichten führt zwar zu geringeren Auswirkungen auf den EÄE, Befallshäufigkeit und Ährennekrotisierung, jedoch ist die Reaktion noch immer erheblich. Die verwendeten Konzentrationen sind aber in natura nicht unrealistisch? (Firlbeck, 2006).

Eine systematische Wirkung variabler Inkubationszeiten auf die Frischmasseproduktion ist nicht ersichtlich. Die Ergebnisse gestalten sich ähnliche den zuvor bereits erwähnten. Die Betrachtung der übrigen Zielvariablen lässt mit steigender Inkubationszeit eine Reduktion des EÄE sowie eine Zunahme in den Befallsparametern erkennen. Nach Habermeyer und Gerhard setzt eine erfolgreiche Infektion mindestens 24 bis 48 Stunden Nässe voraus (Habermeyer u. Gerhard, 1997), dies konnte aber bereits bei einer 12 stündigen Inkubationszeit beobachtet werden. Dabei sind die Ertragsreduktion und der Befall um ca. 50% im Vergleich zu einer Inkubationszeit von 48 Stunden verringert. Im Befall zeigte eine Inkubationszeit von 72 Std. nahezu keinen zusätzlichen Effekt gegenüber der Inkubationszeit 48 Std., die weitere Ertragsreduktion erklärt sich möglicherweise aus einer sofortigen Zerstörung der Samenanlagen noch während der Nassperiode.

Die Zusatzbefeuchtung während jeweils zweier Nächte pro Woche führte zu keiner präzisen Wirkung auf den EÄE, die Reduktion der Frischmasse war jedoch markant. Die Effekte der Zusatzbefeuchtungen sind auf die Periode nach BBCH 65 beschränkt, sodass das Pathogen keinen direkten Zugang zu den Samenanlagen hatte (Pugh et al., 1933). Somit beruhen die möglichen Effekte ausschließlich auf einer Minderung der Assimilationsfläche, wobei ein stärkerer Einfluss auf die Frischmasseproduktion als auf den EÄE denkbar ist. Eine Zunahme des Befalls auf Grund der Zusatzbefeuchtung war umso konkreter, je geringer der Erregerdruck bzw. die Inkubationszeit innerhalb der Variante war. Da in natura selten so optimale Wachstums und Infektionsbedingungen für das Pathogen wie in diesem Versuch herrschen, sollte in der Praxis doch von einer größeren Bedeutung wiederkehrender Nassperioden, als es die Ergebnisse dieses Versuches zeigen, ausgegangen werden.

Bedeutende Parameter vor die weniger bedeutenden stellen; entsprechend ist deren Aussagekraft zu beurteilen.

6 Zusammenfassung

Fusarium graminearum gehört zu den Hauptverursachern der „Partiellen Taubährigkeit", einer der wichtigsten Ährenkrankheiten an Weizen. Neben Ertragsverlusten, hervorgerufen durch eine Nekrotisierung photosynthetisch aktiven Gewebes, stellt dieser Pilz insbesondere durch die Kontamination des Erntegutes mit Mykotoxinen ein besonderes Problem für Landwirte dar. Der Einsatz von Pflanzenschutzmitteln ist nur in einem engen Zeitfenster während der Weizenblüte sinnvoll, die Notwendigkeit für einen solchen Einsatz ist aber zu diesem Zeitpunkt optisch fast nicht feststellbar. Daher könne Befallsprognosemodelle ein gutes Hilfsmittel für die Entscheidungsfindung sein.
Die Ergebnisse dieses Versuches sollen bestehende Erkenntnisse über dieses Pathogen ergänzen und Grundlagen für ein zukünftiges Prognosemodell schaffen. Hierfür wurden Weizenpflanzen unter den kontrollierten Bedingungen eines Gewächshausversuches künstlich mit variablen Inokulumpotentialen, einer gestaffelten Inkubationszeit und einer periodisch wiederkehrenden Zusatzbefeuchtung behandelt. Die Wirkung dieser Behandlungen wurde an Ertrags und Befallsparametern analysiert.

Aus der Analyse, in wie weit sich variable Inokulationspotentiale auf den Ertrag und den Befall auswirken, lassen sich einige Aussagen ableiten. Zwischen $5*10^3$ und $5*10^5$ Makrokonidien pro ml Inokulationssuspension zeigen sich nur geringe Unterschiede. Alle Konzentrationsstufen führen zu einem fast vollständigem Befall und einem erheblichen Ertragsverlust. Keine Diskussion=>Da dieser Erregerdruck auch in der Natur als realistisch anzusehen ist, sollte in der Praxis schon beim Auftreten erster Symptome, insofern klimatisch günstige Bedingungen herrschen, eine Bekämpfung durchgeführt werden.
Die Reduktion des Einzelährenertrages wird bei einer Infektion zu BBCH 65 scheinbar primär durch eine Zerstörung der Samenanlagen hervorgerufen.

Auch Inkubationszeiten unter 24 Std. Blattnässe führen zu einem Befall und einer Ertragsverringerung durch *Fusarium graminearum*. Das Ausmaß der Schädigung ist jedoch im Vergleich zu einer 48 stündigen Inkubationszeit deutlich abgeschwächt. Die Inkubationszeit von 72 Std. zeigt gegenüber der Inkubationszeit 48 Std. zwar keine großen Unterschiede im Befall, die zusätzliche Ertragsreduktion ist jedoch markant, sodass hier von einer sofortigen Unterbindung der Kornanlage ausgegangen werden kann.

Eine wöchentlich wiederkehrende Zusatzbefeuchtung hat keine erkennbaren Auswirkungen auf den Kornertrag. Die Schadwirkung basiert auf einer verstärkten Ausbreitung des Pathogens auf der Ähre, wodurch es zu einem fortschreitenden Verlust von photosynthetisch aktivem Gewebe, geringerer Assimilationsleistung und einer reduzierten Frischmasse-produktion kommt.

Referenzen

- A.L.Andersen, 1948, „The development of *Gibberella zeae* headblight of wheat“, Phytopathology, 38, 595-611
- Amtsblatt der Europäischen Union, 2005, „Verordnung (EG) Nr. 856/2005 der Kommission vom 6. Juni 2005 zur Änderung der Verordnung (EG) Nr. 466/2001 in Bezug auf Fusarientoxine“
- Berthold Hock, Erich F. Elstner, 1995, Schadwirkungen auf Pflanzen 3. Auflage, Spektrum Akademischer Verlag Heidelberg, ISBN: 3-86025-649-1
- Brett A. Summerell, John F. Leslie, David Backhouse, Wayne L. Bryden, Lester W. Burgess, 2001, Fusarium Paul E. Nelson Memorial Symposium, APS Press St.Paul Minnesota, ISBN: 0-89054-268-6
- Büttner, http://www.lfl.bayern.de/ips/forschung/03787/linkurl_0_88.pdf, Stand 13.07.2007
- C. Hooker, A. W. Schaafsma, and L. Tamburic-Ilincic,"Using Weather Variables Pre- and Post-heading to Predict Deoxynivalenol Content in Winter Wheat", Ridgetown College, University of Guelph, Guelph, Ontario, Canada. N0P 2C0. Plant Dis. D-2002-0326-01R, 2002 (online)
- Dr.H.W.Wollenweber, Dr.O.A.Reinking, 1935, Die Fusarien ihre Beschreibung, Schadwirkung und Bekämpfung, Verlagsbuchhandlung Paul Parey
- Hoffmann, Schmutterer, 1999, Parasitäre Krankheiten und Schädlinge an landwirtschaftlichen Nutzpflanzen 2. Auflage, Ulmer,Stutttgart, ISBN: 3-8001-3207-9
- Hubert Firlbeck, 2006, Evaluierung von Einflussfaktoren auf die Dynamik des Ährenbefalls durch Fusarium ssp., Seminararbeit am Lehrstuhl für Phytopathologie TU-München/Weihenstephan
- J. Chelkowski, 1989, Fusarium Mycotoxins, Taxonomy and Pathogenicity, Elsevier Science publishers B.V. New York, ISBN: 0-444-87468-2
- Jürgen Kranz and Falko Holz, 1993, Basics of Decision-Making and Planning for Integrated Pest Management (IPM) Material for a Course, ZEL Feldafing, ISBN: 3-924441-67-7
- Landwirtschaftliche Fakultät der Rheinischen Friedrich-Wilhelms-Universität, 2001, Tagungsband der 13. und 14. Wissenschaftlichen Fachtagung: Fusarium-Befall und Mykotoxinbelastung von Getreide

- Lena Schaller, 2006, Die Variation von Ertrag und Befallsverlauf an Weizen unter dem Einfluss künstlicher Inokulation mit den Schaderregern Fusarium graminearum und Fusarium culmorum unter kontrollierten Bedingungen, Diplomarbeit am Lehrstuhl für Phytopathologie TU-München/Weihenstephan
- Naresh Magan, 2006, Mycotoxin contamination of food in Europe: Early detection and prevention strategies, Springer Verlag
- Philippe Dantigny, Sonia Marin, Marco Beyer, Naresh Magan, 2007, Mould germination: Data treatment and modelling, ScienceDirect, www.sciencedirect.com
- Tschanz, Horst, Nelson, 1976,"The effect of environment on sexual reproduction of Gibberella zeae", Mycologia 68, 327- 340
- Wollenweber, Reinking, 1935, "Die Fusarien ihre Beschreibung, Schadwirkungund Bekämpfung", Verlagbuchhandlung Paul Parey
- Leonard, Bushnell, 2003," Fusarium Head blight of wheat and barley", APS Press, Minnesota, ISBN: 089054302X

Anhang

Tabelle 4-6 Versuchsglieder

Tabelle 5 Versuchsvarianten zum Einfluss der postinfektionellen Zusatzbefeuchtung auf den Befall und die Ertragsentwicklung von Weizenpflanzen

BBCH bei Inokulation = BBCH Stadium 65
Inkubationsdauer Std. = Inkubationsdauer von 12, 24, 48, 72 Stunden
Zusatzbefeuchtung 0 = ohne Zusatzbefeuchtung
Zusatzbefeuchtung + = zwei mal pro Woche für 12 Stunden über Nacht zusätzlich befeuchtet
Sporenkonzentration = $5*10^x$ Sporen/ml H_2O, wobei X = 3, 4, 5

BBCH bei Inokulation	Inkubationsdauer Std.	Zusatzbefeuchtung	Sporenkonzentration $5*10^x$ Sporen/ml
65	48	0	5
65	48	+	5
65	48	0	4
65	48	+	4
65	48	0	3
65	48	+	3
65	12	0	4
65	12	+	4
65	24	0	4
65	24	+	4
65	48	0	4
65	48	+	4
65	72	0	4
65	72	+	4

Tabelle 6 Versuchsvarianten zum Einfluss des Inokulumpotentials auf die Ertragsentwicklung und den Befallsverlauf

BBCH bei Inokulation = BBCH Stadium 65
Inkubationsdauer Std. = Inkubationsdauer von 12, 24, 48, 72 Stunden
Zusatzbefeuchtung 0 = ohne Zusatzbefeuchtung
Zusatzbefeuchtung + = zwei mal pro Woche für 12 Stunden über Nacht zusätzlich befeuchtet
Sporenkonzentration = $5*10^x$ Sporen/ml H_2O, wobei X = 3, 4, 5

BBCH bei Inokulation	Inkubationsdauer Std.	Zusatzbefeuchtung	Sporenkonzentration $5*10^x$ Sporen/ml
65	48	0	5
65	48	0	4
65	48	0	3
65	48	+	5
65	48	+	4
65	48	+	3

Tabelle 7 Versuchsvarianten zur Fragestellung des Einflusses der Inkubationszeit auf Befall und Ertrag von Weizenpflanzen

BBCH bei Inokulation = BBCH Stadium 65
Inkubationsdauer Std. = Inkubationsdauer von 12, 24, 48, 72 Stunden
Zusatzbefeuchtung 0 = ohne Zusatzbefeuchtung
Zusatzbefeuchtung + = zwei mal pro Woche für 12 Stunden über Nacht zusätzlich befeuchtet
Sporenkonzentration = $5*10^x$ Sporen/ml H_2O, wobei X = 3, 4, 5

BBCH bei Inokulation	Inkubationsdauer Std.	Zusatzbefeuchtung	Sporenkonzentration $5*10^x$ Sporen/ml
65	12	0	4
65	24	0	4
65	48	0	4
65	72	0	4
65	12	+	4
65	24	+	4
65	48	+	4
65	72	+	4

Tabelle 7-14 Einfluss der postinfektionellen Zusatzbefeuchtung auf Ertrag und Befall

Tabelle 8 AUDPC- Werte Befallshäufigkeit der Varianten mit variabler Sporenkonzentration zur Fragestellung nach dem Einflusses einer postinfektionellen Zusatzbefeuchtung auf den Befall

$5*10^x$ Sporen/ml	5	4	3	0
Ohne Zusatzbefeuchtung	4,19	4,06125	3,9275	0,75125
Zusatzbefeuchtung (2*12h/Woche)	4,2	3,845	3,88125	0,75125

Tabelle 9 AUDPC- Werte Befallshäufigkeit der Varianten mit variablen Inkubationszeiten zur Fragestellung nach dem Einfluss einer postinfektionellen Zusatzbefeuchtung auf den Befall

Inkubationszeit in Std.	72	48	24	12	0
Ohne Zusatzbefeuchtung	4,12625	4,06125	2,83125	2,23125	0,75125
Zusatzbefeuchtung (2*12h/Woche)	4,1875	3,845	3,40875	2,81	0,75125

Tabelle 10 AUDPC- Wert AÄN der Variante mit variabler Sporenkonzentration zur Fragestellung nach dem Einfluss einer postinfektionellen Zusatzbefeuchtung auf den Befall

5*10x Sporen/ml	5	4	3	0
Ohne Zusatzbefeuchtung	20,83	19,12375	17,6775	3,58
Zusatzbefeuchtung (2*12h/Woche)	20,7775	18,12875	17,58125	3,58

Tabelle 11 AUDPC-Werte AÄN der Varianten mit variabler Inkubationszeit auf zur Fragestellung nach dem Einfluss einer postinfektionellen Zusatzbefeuchtung auf den Befall

Inkubationszeit in Std.	72	48	24	12	0
Ohne Zusatzbefeuchtung	20,315	19,12375	12,5675	10,555	3,58
Zusatzbefeuchtung (2*12h/Woche)	20,5125	18,12875	15,445	12,98	3,58

Tabelle 12 Mittelwert der EÄE in Gramm der Varianten mit var. Sporenkonzentration zur Fragestellung nach dem Einfluss der postinfektionellen Zusatzbefeuchtung auf den Ertrag

5*10x Sporen/ml	0	3	4	5
Ohne Zusatzbefeuchtung	1,4704	0,205384615	0,324814815	0
Zusatzbefeuchtung(2*12h/Woche)	1,4704	0,308518519	0,3696	0,010384615

Tabelle 13 Mittelwerte der EÄE in Gramm der Varianten mit variabler Inkubationszeit zur Fragestellung des Einflusses einer postinfektionellen Zusatzbefeuchtung auf den Ertrag

Inkubationszeit in Std.	0	12	24	48	72
Ohne Zusatzbefeuchtung	1,4704	0,5756	0,6956	0,324814815	0
Zusatzbefeuchtung(2*12h/Woche)	1,4704	0,85	0,7328	0,3696	0,007407407

Tabelle 14 Mittelwert der FS in Gramm der Variante mit var. Sporenkonzentration zur Fragestellung nach dem Einfluss der postinfektionellen Zusatzbefeuchtung auf den Ertrag

5*10x Sporen/ml	0	3	4	5
Ohne Zusatzbefeuchtung	89,5	127,75	120,25	109,2
Zusatzbefeuchtung(2*12h/Woche)	89,5	94	97,775	94,375

Tabelle 15 Mittelwert der FS in Gramm der Varianten mit var. Inkubationszeit zur Fragestellung nach dem Einfluss einer postinfektionellen Zusatzbefeuchtung auf den Ertrag

Inkubationszeit in Std.	0	12	24	48	72
Ohne Zusatzbefeuchtung	89,5	127,4	114,325	120,25	96,525
Zusatzbefeuchtung(2*12h/Woche)	89,5	107	115,925	97,775	86,975

Tabelle 15-18 Einfluss variabler Inkubationszeiten auf Ertrag und Befall

Tabelle 16 AUDPC- Werte Befallshäufigkeit der Varianten zur Fragestellung nach dem Einfluss einer variablen Inkubationszeit auf den Befall

Inkubationszeit in Std.	72	48	24	12	0
Ohne Zusatzbefeuchtung	4,12625	4,06125	2,83125	2,23125	0,75125
Zusatzbefeuchtung (2*12h/Woche)	4,1875	3,845	3,40875	2,81	0,75125

Tabelle 17 AUDPC- Werte AÄN der Varianten zur Fragestellung nach dem Einfluss variabler Inkubationszeiten auf den Befall

Inkubationszeit in Std.	72	48	24	12	0
Ohne Zusatzbefeuchtung	20,315	19,12375	12,5675	10,555	3,58
Zusatzbefeuchtung (2*12h/Woche)	20,5125	18,12875	15,445	12,98	3,58

Tabelle 18 Mittelwerte der EÄE in Gramm der Varianten zur Fragestellung nachdem Einfluss var. Inkubationszeiten auf den Ertrag

Inkubationszeit in Std.	0	12	24	48	72
Ohne Zusatzbefeuchtung	1,4704	0,5756	0,6956	0,324814815	0
Zusatzbefeuchtung(2*12h/Woche)	1,4704	0,85	0,7328	0,3696	0,007407407

Tabelle 19 Mittelwerte der FS in Gramm der Varianten zur Fragestellung nach dem Einfluss var. Inkubationszeiten auf den Ertrag

Inkubationszeit in Std.	0	12	24	48	72
Ohne Zusatzbefeuchtung	89,5	127,4	114,325	120,25	96,525
Zusatzbefeuchtung(2*12h/Woche)	89,5	107	115,925	97,775	86,975

Tabelle 15-18 Einfluss variabler Inkubationszeiten auf Ertrag und Befall

Tabelle 20 AUDPC- Werte Befallshäufigkeit der Varianten zum Einfluss eines variablen Inokulumpotentials auf den Befall

	Ohne Zusatzbefeuchtung	Zusatzbefeuchtung(2*12h/Woche)
Makrokonidien 5*10^5	4,19	4,2
Makrokonidien 5*10^4	4,06125	3,845
Makrokonidien 5*10^3	3,9275	3,88125
Makrokonidien 0	0,75125	0,75125

Tabelle 21 AUDPC- Werte AÄN der Variante zum Einfluss eines var. Inokulumpotentials auf den Befall

	Ohne Zusatzbefeuchtung	Zusatzbefeuchtung(2*12h/Woche)
Makrokonidien 5*10^5	20,83	20,7775
Makrokonidien 5*10^4	19,12375	18,12875
Makrokonidien 5*10^3	17,6775	17,58125
Makrokonidien 0	3,58	3,58

Tabelle 22 Mittelwerte des EÄE in Gramm der Varianten zur Fragestellung nach dem Einfluss var. Inokulumpotentiale auf den Ertrag

	Ohne Zusatzbefeuchtung	Zusatzbefeuchtung(2*12h/Woche)
Makrokonidien 0	1,4704	1,4704
Makrokonidien 5*10^3	0,205384615	0,308518519
Makrokonidien 5*10^4	0,324814815	0,3696
Makrokonidien 5*10^5	0	0,010384615

Tabelle 23 Mittelwerte der FS in Gramm der Varianten zur Fragestellung des Einflusses var. Inokulumpotentiale auf den Ertrag

	Ohne Zusatzbefeuchtung	Zusatzbefeuchtung(2*12h/Woche)
Makrokonidien 0	89,5	89,5
Makrokonidien 5*10^3	127,75	94
Makrokonidien 5*10^4	120,25	97,775
Makrokonidien 5*10^5	109,2	94,375